U0400692

稳定内核修炼指南

如何拥有健康的自尊和他尊

刘翔平●著

我们都希望拥有稳定的内核，处变不惊，情绪稳定。在本书中，心理学家刘翔平教授指出，内核稳定的基础是拥有健康的自尊和他尊。自尊，即相信“我是好的”；他尊，即相信“他人觉得我是好的”，以及相信“他人也是好的”。近年来，自尊成为一个流行的心理学概念，但刘翔平博士结合前沿的心理学研究和思考，以及中国文化和社会现实，揭示了只有自尊是不够的，我们需要同时建立健康的他尊。书中对自尊和他尊是什么、从哪里来进行了深入的阐述，进而分别讨论了如何走出低自尊的自我脆弱，以及如何应对低他尊的人际关系苦恼，帮助读者塑造更健康的自尊和他尊，从而拥有稳定的内核。

图书在版编目（CIP）数据

稳定内核修炼指南：如何拥有健康的自尊和他尊 / 刘翔平著. -- 北京：机械工业出版社，2024. 11.

ISBN 978-7-111-76749-7

Ⅰ. B842.6-49

中国国家版本馆 CIP 数据核字第 2024XE8830 号

机械工业出版社（北京市百万庄大街 22 号　邮政编码 100037）

策划编辑：向睿洋　　责任编辑：向睿洋

责任校对：张勤思　张慧敏　景　飞　　责任印制：郜　敏

三河市宏达印刷有限公司印刷

2025 年 1 月第 1 版第 1 次印刷

147mm × 210mm · 9.875 印张 · 1 插页 · 206 千字

标准书号：ISBN 978-7-111-76749-7

定价：59.80 元

电话服务　　网络服务

客服电话：010-88361066　　机　工　官　网：www.cmpbook.com

010-88379833　　机　工　官　博：weibo.com/cmp1952

010-68326294　　金　书　网：www.golden-book.com

机工教育服务网：www.cmpedu.com

前言

稳定的内核 = 自尊 + 他尊

如何才能拥有稳定的内核，在急速变化和不确定的外部环境中过上确定而幸福的生活？这是当下我们最关切的问题之一。很多人说，稳定内核的本质就是强大的自我，用心理学术语来说就是自尊。但何为自尊？如何获得自尊？拥有自尊就够了吗？要回答这些问题并不容易。

近年来，“自尊”这一概念越来越流行，人们开始意识到“相信自己”“爱自己”的重要性，把它当作通往美好生活之路。

自尊这一心理学概念主要来自西方。西方心理学基本上把自尊理解为个体内部的事情，将自尊定义为本真的、带着情感的自我评价。在这种观点的主导下，我们过于关注自我内部的力量。比如：一般认为大有好处的高自尊，通常的解释是爱自己、相信自己、对自己很笃定；一般认为对心理健康有不利影响的低自尊，则被注解为不喜欢自己的样子、看不起自己的出身、不满意自己的表现、不接纳自己的现状……

其实，自信、自爱只是自尊的一半，和“我觉得我很好”同样重要的，是“我觉得别人觉得我很好和我觉得他人也有价值”的信念。前者是有关个体如何看待和对待自己，发生在个体内部；后者涉及个体认为他人如何看待自己，以及个体如何看待他人，发生于个体之间。本书中将后者称为他尊。在自尊的完整叙事中，他尊也同样重要，人的完整的尊严是自尊和他尊的融合。

与西方文化重视自尊不同，我国传统文化相对重视他尊。“尊”这个词一般指向他人，如令尊、尊姓、尊邻等；谈及自我则多用鄙人、小的、在下，以示善解人意和谦卑，有利于人际关系的和谐。在我们的社会和文化中，同步建立起健康的自尊和他尊尤为重要。

要理解一个人的自尊水平是否有利于心理健康，就必须超越自尊这个框架，来到他尊的领域。

没有他尊的自尊是自恋的。很多人有一种误解，以为自我强大了，就不会再在意他人的眼光。事实上，强大的自我并不来源于把自己和他人隔离开来，而是来自与他人建立起有安全感的关系。“我是谁”这个问题的答案取决于你认为他人是谁。定义了他人，以及他人与你的关系，才能定义自己是谁。对于个体来说，他人无非属于两种存在，一种是合作者、分享者、支持者，另一种是竞争者、挑剔者、看笑话者。出于对他人的敌意而刻意维护高自我评价是心理不健康的表现。

没有自尊的他尊是盲目的。在缺乏自我立场的情况下与他人相处，就会出现人际关系界限不清的问题，使关系不是变成过度依赖就是回避。

从自尊和他尊双视角出发，我们就能完整地解释现代人的各种心理问题的表现。如追求虚荣、攀比、社恐、对拒绝敏感、炫耀自我、“信息错失恐惧”（没几分钟就想刷手机，生怕错过好友的动态）等，这些都是传统的低自尊理论解释不了的，必须结合低他尊的观点才能给予合理的解释。

从自尊和他尊的双视角出发，我们也可以很好地理解当代人的各种积极心理品质。

如果你认为他人不是羁绊，在人际信任的大地上行走，你就能一马平川。心灵摆脱了人际关系的枷锁，人际关系就会成为滋养自我的力量。此时，你会达到最佳状态，你是一个专心的做事者，事业为你而生。在他人面前，你能够自然而流畅、毫不刻意与做作，也不想掩饰什么，该笑时笑，该哭时哭。他人的存在对于你来说，并不是负担，而是同路人和陪伴者。关系为你而生。

我相信，结合自尊与他尊的双视角看人性，你就会看见人生最美丽的风景，进入人性的最佳状态，收获勇敢而又仁慈的性格。你会变得独立而又亲和，自主而又依恋，主动而又随和，坚定而又浪漫。总之，你会变得更加完整、充实、丰盈，完成一次从毛毛虫到蝴蝶的精彩蜕变。

在本书中，我们把自尊和他尊理解为自我和人际关系的显示器和调节器。作为显示器，自尊和他尊反映了自我和人际关系状态的波动，作为调节器，则根据显示器的信息采取有效的应对方式，以调节成功、失败和人际关系受挫。然而，很多人的自尊与他尊显示器出现了失真，不能有效地反映自我状态和关系状态。如低自尊会催生负面的自我偏差，低他尊会夸大他人的敌意，从而让人产生各种心理问题，患得患失，追求虚荣，恐惧他人。

本书共分为三个部分，第一部分介绍了什么是自尊和他尊，以及它们的积极作用和来源。第二部分描述了低自尊带来的心理问题，并讨论了应对的方法。第三部分介绍了低他尊引起的人际关系问题，给出了应对的策略。相信在读罢全书后，你能真正理解何为健康的自尊和他尊，并最终得以打造更稳定的内核，站在更高的视角审视自我和人际关系，身心更加健康。

本书在修改过程中，得到了责任编辑向睿洋的大力支持。他不仅是在编书，而且是在帮助我整理思路，许多重要的修改思路都来自他那睿智的启发，在此表示诚挚的感谢。

刘翔平博士

2023 年 12 月于中海·瓦尔登湖

目录

第三部分　应对低他尊者人际关系的苦恼

第一部分

自尊与他尊，一个也不能少

汉语中，“尊”这个字主要有两个基本含义：一个是形容某人或某物重要，如将高辈分、地位高或年纪大的称为“尊”；如尊贵、尊长；如果我们认为对方重要，我们也称为“尊”，如尊府、令尊大人、尊姓大名。另一个是作为动词，指重视且恭敬地对待，如尊敬、尊重、尊奉等。

心理学中，自尊是指一个人看重自我，把自己看作是有价值的、有能力的和可爱的人。自尊对于一个人的幸福感和心理健康是非常重要的问题。我是谁？我是什么样的人？自我的千古之谜，都可以归结为自尊问题。

然而，深入分析，我们发现，自尊不是精神生活的全部。当一个人认为自己有价值、可爱和有能力时，不仅是指他本身这么评价和这么相信，还指在他心目中，别人也这样看自己。来自别人的肯定和赞美，以及别人眼中的高价值和高能力，比自认为的要重要得多，有效得多。我们把来自他人的肯定和我们对他人价值的肯定叫作他尊。

我们的人格发展的精神生活之旅，围绕着自尊与他尊展开。自尊和他尊的相互作用、相互制约的故事，共同决定了我们是否会拥有幸福而美好的人生。

下面，让我们去了解自尊和他尊这一对孪生兄弟的故事吧。

第一章

自尊：我眼中的自己

首先请你来做一个小测试。

下面是自我描述的10个句子，请按照你的实际情况作答。

自我描述	非常不符合	不符合	符合	非常符合
1. 我感到我是一个有价值的人，至少与其他人在同一水平上。	1	2	3	4
2. 我感到我有许多好的品质。	1	2	3	4
*3. 归根结底，我倾向于觉得自己是一个失败者。	1	2	3	4
4. 我能像大多数人一样把事情做好。	1	2	3	4
*5. 我感到自己值得自豪的地方不多。	1	2	3	4
6. 我对自己持肯定态度。	1	2	3	4
7. 总的来说，我对自己是满意的。	1	2	3	4
*8. 我希望我能为自己赢得更多尊重。	1	2	3	4
*9. 我确实时常感到毫无用处。	1	2	3	4
*10. 我时常认为自己一无是处。	1	2	3	4
注：1、2、4、6、7题正向记分，序号前标*的3、5、8、9、10题反向记分。 你的得分为：________。得分越高，你的自尊水平越高。				

这是美国心理学家罗森伯格在20世纪60年代开发的一个自尊量表，现在仍然是最为常用的测量自尊的量表。这个量表反映的，就是自我内部视角的自尊。

参与者与观察者

自尊有赖于“我们能看到自己”这样一种自我观察能力。这种能力是自尊产生的前提，只有人类具备观察自我的能力，所以，自尊是人类身上特有的现象。

我们不仅正在做事情，而且我们还能在头脑中反映和评价自己所做的事情；就好像我们的眼睛不仅在看东西，而且也能看到自己在看东西一样。我们不仅与外部世界相遇，我们还与自己相遇。

我们可以从两个方面描述自己的行为。

第一个是从客观的角度，把我们的行为当作是客观世界中的一个组成部分，把自己当作是一个纯粹的参与者。比如，一个演员正在演戏，他情绪激扬，全身心地投入到了角色中，完全忘记了自己的存在。他与角色合为一体，成为精彩纷呈的舞台的中心。此时，并不涉及该演员对自己的觉察和意识之类的问题，他面对的是观众，眼里只有观众和表演。再比如，一个专心致志玩电脑游戏的中学生，全部的精力都投入在如何过关、如何与队友配合、如何打败对手上，浑然不觉自己的存在，他忘记了时间，忘记了作业。这个客观视角的自我，是没有自我觉察的，也可以称为无我或忘我。

第二个是从主观的角度，我们把我们自己当作是觉察的对象，观察和评价我们自己的行为。比如，上述例子中的演员，演出结束，取得成功，观众席爆发出雷鸣般的掌声，或者演出失败，观众嘘声一片。此时，他会从角色中离开，回到现实。开始清醒地意识或觉察到，自己只是在演戏，观众正在给自己反馈。他把自己当作是观察和评价的对象，此时的他既是演员，又是观察自己的“观众”，即使是演出中，他也可以同时从两个不同的视角来对待自己。

生活中，我们时而扮演着参与者，时而扮演着觉察者，我们具有双重身份。这两种身份不时地转换。比如，当你专心地学习，忘记了自己的存在时，你是一个纯粹的参与者。忽然下课铃声响了，你觉察到现在是中午时间，自己饿了，应当去吃饭了。此时，你就回到了觉察自己的状态。

威廉·詹姆斯（William James）最早从观察者和被观察者的角度，区分了这样两个我：一个是作为观察者的我，叫主我（I），即我在观察；另一个是作为观察对象的自我，被称为客我（Me），即我被观察。

主我不仅是观察者，还充当着评价者、激励者的角色。主我形成了对客我的看法，对客我发出要求和指令。如果客我表现不好，主我就会批评与指责，或者发起调节和改变的要求。比如，某一女生如果觉得自己身材不好，太胖了，就会向自己发出节食或者锻炼身体的指令，直到身材令自己满意为止，见图 1-1。

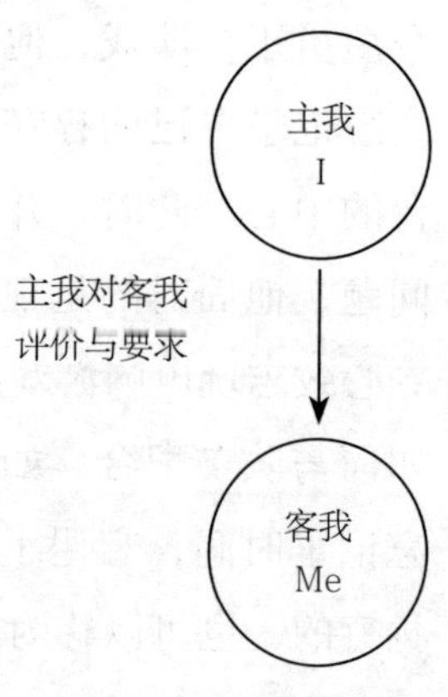

图 1-1 主我评价客我

一方面，主我往往影响着一个人的表现，如果一个人相信自己非常有能力成为科学家，自己在智力和学习能力方面都足以读博士和搞科研，他就会比别人更加努力和刻苦地搞研究，成为科学家的可能性就大一些。

另一方面，客我也并不是只受主我评价和要求的，客我并不是完全被动的，它也反过来影响主我。比如，某个人通过减肥和锻炼使身材变成了魔鬼身材，他的主我的自信心就会大增。同样，一个原本自卑的人考了一个全年级第一，他的主我就会对自己刮目相看。一个自视甚低的流浪汉如果幸运地中了500万巨奖，主我就会开始悦纳自己、热爱自己，见图1-2。

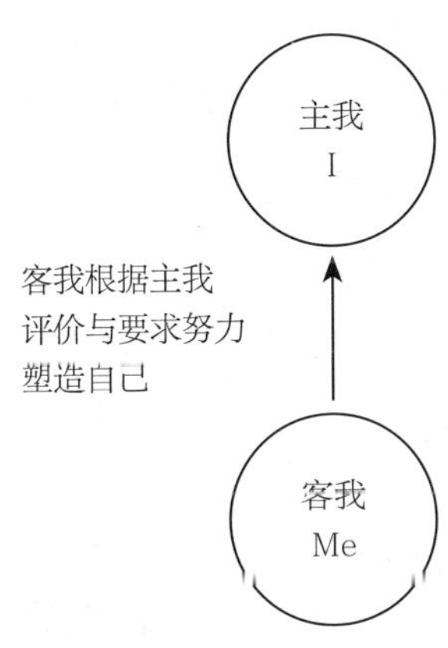

图1-2　客我影响主我

主我和客我相互影响，越自信表现越好，表现越好越自信，形成良性循环。反之，也可以形成恶性循环，见图1-3。

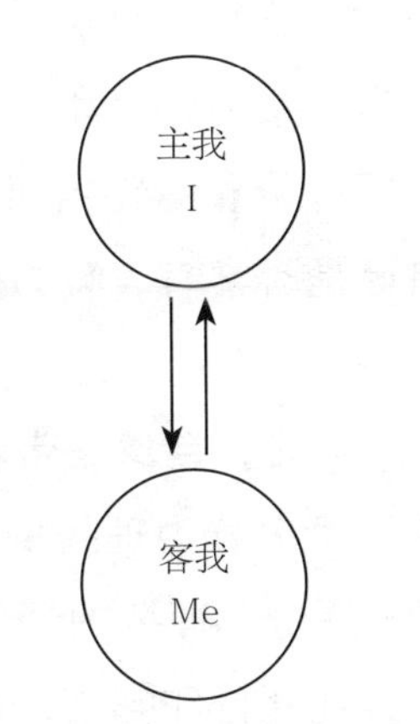

图1-3　主我－客我相互影响

根据这个主我与客我的区分，以后我们在认识自己的不足的时候要小心地问：到底是自己在客观上表现不好，还是自己主观地认为自己不好？

奥运会上，往往铜牌获得者的自我感觉比银牌获得者的更好，自尊水平更高。虽然从客观表现上，银牌获得者的成绩更优秀，领奖台和国旗的位置更高，在观众和领导眼中更加具有分量，奖金也更多，但在主我对自己的评价上，并不一定如此。多数银牌获得者可能比铜牌获得者的感觉要差。因为银牌获得者对自己的要求是拿金牌，而实际表现却是屈居第二，所以感到惭愧。虽然在观众和领导看来，铜牌分量不如银牌，但从主我的角度，并不是这样。铜牌获得者的目标是夺得一块奖牌，当他经过顽强拼搏，在三、四名的争夺中赢了，心想事成时，主我就会对自己很满意。

自尊是一种特殊的自我评价

伴随着我们观察自己的过程，我们会对自己的行为及其结果产生某种评价和观点，这叫作自我评价。自我评价是指人们如何评价和看待自己的优点和缺点，如自己的身材外貌如何、自己是否富有、智力是高还是低、是否可爱、是否有社会地位等。自尊与自我评价有关，是一种特殊的自我评价。

首先，自尊是带着情感的自我评价，又叫自我感受。自我评价可以分为理智的（或者冷认知的）和情感的（或者热认知的）评价。理智的评价侧重的是对自己和自己的行为结果做出的客观评价和判断，自我评价相对客观与中性，如认为自己是一个体形偏胖的人，是一个黄头发的人，是一个性格外向的人，自己今天做了一件不光彩的事情，自己吃了一个好吃的东西。

这种评价不带有太多的情绪色彩，只是如实地反映了一个人对自己的看法，不涉及是否喜欢与接纳自己的感受。

自尊则主要是指带着情感的自我评价，在评价中包含着喜欢还是讨厌自己的情感感受。有时，某一个对自己长相评价很高的人，可能在认为自己好看的同时，仍然讨厌自己。一个智力测验得分很高的人，非常了解自己的才能，可就是莫名的感觉自己不好，觉得自己什么都做不好。而一个将自己评价为缺少能力的人可能仍然喜欢自己，他热爱谦虚的自己。我们把这种带着喜好或厌恶态度的自我评价叫作自尊。我们不仅与自己相遇，而且带着深深的情感与自己相遇。自尊是指一个人对于自己是什么样的人的一种整体上、情感上的感觉。

感觉表示直观、感情的意思，其反面是理智。当我们说对某一事物感觉不好的时候，更多的时候是指我们不喜欢这个事物。它构成了与理智（或冷认知）的不同。我们可以认为某一个人优点不少，但我们也可以直觉上就是不喜欢这个人。一件事情很重要，但我们就是没有做这件事情的意愿，也可以说，我们是对做这件事情没有感觉。

如果我们用带着情感的认知来表示我们对于某人或某事的看法，那么它就与感觉一词的意思非常相似了，当我们对于某人或某事抱有积极的看法、积极的态度和认知、积极的评价时，我们就等于说，我们对某人或某事非常有感觉。

同样，我们对自己也会产生带着好恶的评价，一个人在看待自己的时候不可能是无动于衷的，一定是带着态度和情感的，伴随着喜欢与不喜欢的情绪。这种打着深深情感烙印的对自己的整体评价，就是我们对自己的感觉，它被叫作自尊，也可以称为人们感觉自己的特定方式。自尊体现的是一个人对自己的偏爱的态度，也有人称之为自恋的程度，或自我关爱的程度。

自尊还可以指对自己肯定与否定的看法，即认为自己是否有价值，我们也把自尊当作是一个人的自我肯定和自信的程度的衡量标尺。

其次，自尊是一个人的整体自我评价。自我评价分为具体的或抽象的，局部的和整体的。自我对具体领域的某一件事情的评价，与发生在环境中的好坏事件有关，比如“今天考试成绩真糟糕”“我受到了大家的嘲讽”“我受到了老师的批评”，或者相反，“我考试超常发挥”“我运动场上表现出色”等。但是，这种具体事情上的自我评价并不涉及整体的自我。一个因为今天下午在运动场上表现出色而进行积极自我评价的自卑的人，很可能回家后，面对苛刻的父母，又回到自卑的常态情绪中。而一个上午考试发挥失常的自信的人，虽然对自己的评价暂时变低，但是中午过后，他又像往常一样，开始喜欢自己，与同学们开心地打闹，或与父母电话沟通考试情况，求得他们的理解。总体上，高自尊的人受具体失败事件的影响相对较小，而一个低自尊的人失败后会在整体自我上产生特别糟糕的感觉。

最后，自尊是从最重要的自我价值的角度来评价和看待自己，而不是以具体行为结果的标准来衡量表现。两者的角度不同，有时会产生冲突。比如，一个认为自己有外表吸引力并受欢迎的人可能会很自卑，他虽然十分清楚地知道自己具有外表吸引力并相信外表给自己加分，但他并不真的为此自豪。因为在他看来，外表吸引力并不重要，取得出色的或超人的成就更加重要。但在这个让他更加看重的成就方面，他的表现是差的。另一个学习成绩不好的人，却对自己充满热爱和价值感，因为他根本不看重学习成绩，而是更加重视人际关系。他觉得有好人缘、受大家的喜欢才是最重要的，只要拥有好的人际关系就会感觉良好，考试再差也不会产生抑郁情绪。

综上所述，自尊是一种较为稳定的、整体的、以自己价值观来衡量自己的、具有情感色彩的自我评价。

自尊 = 自信 + 自爱

自尊体现了人们自我肯定的程度。自我肯定基本有两个主要内容，构成了自尊的两大要素。

第一个要素是自信，即对自己做事的能力的一种肯定的感觉，也可叫作胜任感。胜任感是对世界能够施加影响的感觉。它不是指宏大的立志和盲目自信的态度，不是指相信自己是一个全才，它体现在日常生活的层面，是指我们在专心做一件事情或努力去克服困难的过程中产生的好的感觉。

自信的人具有行动的效力和执行力，而不是天天承诺。

自信是对自己胜任的感觉，它与能力本身往往不是一回事情。比如，单位年会上，大家让某人表演一个节目，他简单地想了想，然后就自然地唱了一首老家的民歌。他也许唱得不好，但他很专心、投入，没有什么腼腆和不自然，他不仅大方得体，而且很专心与胜任，把注意力都放在了表演上。人们顺应着他的大方，感觉很自然流畅。

这个人对自己的能力和表现持有基本的信任态度，具有“我能行”的良好感觉。

这种自信不是装出来的，也不需要承诺，而是发自内心的，是自我状态的自然流露。

另一个人，平时私底下能唱会跳，但在年会上，当大家让他唱一首歌的时候，他非常紧张与害怕，在很长的沉默中搜索着自己最拿手的歌是什么、哪首歌才能获得大家的好评，结果没有一首是自己满意的。虽然他在私底下唱歌表演水平很高，但由于对能力不自信，他开始害怕，因此无论唱哪首歌，都会声音发抖，忘记歌词。

自信使人更加主动、自主、自发，有助于人实现自己的潜能。

自尊的第二个要素是自爱。即对自己的生命或存在的无条件的热爱感、对自己倾注着爱的感觉。

所谓无条件是说一个人对自己的喜爱和尊重，不取决于任何自己身上的特定品质和原因，而是取决于自己是一个生命个体，取决于自己活着。“我是可爱和有价值的，只是因为我在这儿，而不是因为我做了什么成功的事情或招人喜欢的事情。”这种自我悦纳是指，无论发生了什么事情，我们都爱自己。

有一个母亲因为孩子的心理问题前来咨询，我发现她半边脸长满了青紫色的胎记。我感觉到很尴尬，谈话时下意识地躲闪着她的目光，不敢去直接看她的脸。我为此感觉到紧张，觉得她会因为觉察出了我的反应而产生自卑。事实上我想多了，她丝毫没有注意我的表情，她非常自信、专注地介绍自己孩子的情况，带着共情和平静描述自己孩子的学习困难问题，而智力测验表明，她的孩子智力明显落后，学习非常困难。这个母亲有何等强大的自爱的力量啊。

我曾经给另一个同样有胎记的中学生咨询。相比之下，她脸上的胎记小多了，而且治疗过后几乎看不出来。可她还是因为害怕同学嘲笑而不去上学了。她进来时，用纱巾遮住了半边脸，与我交谈时，不敢直视我的眼睛。我觉得她眼睛里关注的都是和胎记有关的事情。她母亲一直帮助她找医生治疗胎记，但是，治疗实在是太疼了，而且没有根治的方法，只好放弃。

我感觉到，这个孩子不接纳自己的外表，对自己的爱是建立在外表基础上的。

自爱是自尊的核心内容，也是自尊最为重要的积极功能。它令人保持稳定的内聚力和整合性，在被人排斥和打击面前，表现出坚定的意志和自我认同。

自尊的这两个方面是相辅相成的。总体上，自爱是自尊的核心成分，自爱对自尊影响更大，而不是自信。

不过如果只是从内部视角看待自尊问题，那么，为什么自尊的苦恼总是发生在他评和人际比较中，而不是发生在个人自评的过程中呢？自尊与人际关系有什么关系？自我评价感觉与别人的评价有什么关系？我们下一章来回答这个问题。

第二章

他尊：他人眼中的我

请你再来做做另一个小测试。

请指出你在多大程度上同意如下说法，并在最能代表你的感受的数字上画圈。

1 代表一点也没有描述我的特点。

2 代表没有很好地描述我的特点。

3 代表部分地描述了我的特点。

4 代表较好地描述了我的特点。

5 代表很好地描述了我的特点。

特点	完全不是	不太像	有点像	差不多	非常符合
*1. 除非别人与我讲话，我不会主动跟别人说话。	1	2	3	4	5
2. 我认为自己是自信的。	1	2	3	4	5
3. 我对自己的外表很有信心。	1	2	3	4	5
4. 我与人相处很好。	1	2	3	4	5
*5. 在人群中，我很难想到适当的话题。	1	2	3	4	5
*6. 人群中，我通常做别人想做的事情，而不是提出自己的建议。	1	2	3	4	5
7. 当不同意别人的意见时，我的观点总能获胜。	1	2	3	4	5

（续）

特点	完全不是	不太像	有点像	差不多	非常符合
8. 我认为自己是一个想掌控局势的人。	1	2	3	4	5
9. 别人很仰慕我。	1	2	3	4	5
10. 我喜欢与别人在一起。	1	2	3	4	5
11. 我强调正视别人。	1	2	3	4	5
*12. 我似乎难以让别人关注自己。	1	2	3	4	5
*13. 我宁愿少为别人负责。	1	2	3	4	5
14. 身边有权威性高于自己的人时，我不会觉得不舒服。	1	2	3	4	5
*15. 我认为自己是优柔寡断的。	1	2	3	4	5
16. 我毫不怀疑自己的社交能力。	1	2	3	4	5

分数计算：1、5、6、12、13、15（已标 *）为负向题，把它们的得分翻转过来，1=5，2=4，3=3，4=2，5=1，然后把 16 个题目的总分相加，你得的总分应当为 16 ～ 80 分，分数越高，自尊水平越高。

以上测试是从人际关系角度测量自尊的“得克萨斯社交行为问卷”的表 A，我们特别推荐使用这个问卷来测量他尊。

自尊的盲点

我经常问自己这样一个问题，假如世界上只剩下我一个人了，我还有没有自尊？我还需不需要自尊？

这个问题相当于如果没有了他人，我是否还需要注重我的外表与打扮？

我几乎可以肯定，我对自尊的需要直线下降，我几乎不再理会自尊问题。

看来，自尊与他人有关。

当代主流的自尊心理学的最大缺陷为，过于偏重从自我视角看自我，而忽视人际关系的视角。这也是自尊理论的盲点。

传统心理学的观点认为，自尊是个人内部的事情，与他人无关。比如罗杰斯（Rogers）和罗洛·梅（Rollo May）认为，自尊是指个人私下的自我价值感和自我评价，与他人对自己的态度和看法无关。根据这一观点，高自尊的人通常根据自己的内在标准来评价自我的价值和好坏，而不受来自他人评价的影响。如果一个人的自我价值感有赖于别人的看法，则是有条件的自尊的表现，即把自尊建立在他人的肯定基础上，是适应不良的特征。

在这种观点看来，自尊是隐藏在人内心深处的结构，像心脏或肺脏等器官一样，它是一个独立的心理结构。作为一种独立的结构，自尊充当过滤器的作用，使人歪曲地看待自身的行为和外界事物。它的作用是使我们感觉到自己有意义，维持自我认同、保证自己不受他人的消极影响。

从自我的视角看，拥有高自尊的人有如下表现：

- 勇于对他人说“不”。
- 坚持走自己的路，让别人去说吧。
- 说自己想说的。
- 做自己所愿的。
- 感觉自己与自己和谐安宁地相处。
- 给自己获得幸福的权利。

然而，当我们用上述标准衡量一个人的时候，通常是毁誉参半的。脱离了人际关系，我们无法判断自尊的意义是什么，只有在人际关系中才能确定上述高自尊的描述是不是有益的，是不是心理健康的。试想，一个人自认为很有能力、很可爱，而周围的人几乎都不同意他的自我评价，都瞧不起他，他也感觉到来自他人的轻视。然后，这个人认为周围的人是反对自己的坏蛋，对自己说，走自己的路让别人说去吧。你觉得这个人会拥有真正的高自尊吗？他的自我感觉良好具有心理健康的意义吗？

一个保持精神独立的人是不是积极的、适应环境的，一定要看他保持独立的目的是什么。自我肯定、自信和自爱的心理健康意义和后果如何，一定要结合它们出现的人际关系背景。

有不少看上去高自尊的人，他们保持积极的自我热爱，经常强调“说自己想说的，让别人议论吧”，是出于对糟糕的人际关系的防御。

因为受到他人的排斥、经历挫败，他们内心深处产生严重的自卑，但是，他们不能承认自己的脆弱。为了保护脆弱的自我，他们通过过于自恋来使自己免于受到伤害，通过远离他人，对人冷漠，使自己避开受人嘲笑与评价的场合。这种自我肯定反而导致人际关系疏远。本书后面介绍的虚假高自尊的人就是这种把自我与他人对立的人。

不过，如果一个人具有良好的人际关系，能够与他人形成信任与依靠，只是为了不过于受其他人的影响，不过于依赖他人，才保持适当的自我的肯定、自恋和独立，在这种情境下，就具有心理健康的含义。

所以，脱离了人际关系，我们无法了解自尊的目的和作用。

我们要跳出自尊之外看自尊。正如我们要了解肝脏，不能只从它的内部来了解它的结构，还要了解肝脏与其他器官的联系。我们要知道肝脏是如何与其他器官联合起来发挥作用的。正如人们要识庐山真面目，要跳出庐山之外来看一样。

世界名剧《茶花女》的作者小仲马曾经在剧中写到，上流妇女与卖花女之间的差别不在于她们说了什么，而在于她们被对待的方式。如果一个人感知到被他人尊重，就会感觉到自己很棒。如果一直受到贬低则会觉得自己卑下。

我眼中的他和他人眼中的我

人是社会动物，归属和联结是人类最为重要的基本需要。离开群体，个体不仅感觉到孤独和寂寞，而且根本无法生存。人们需要合作与信任，要联合起来才能应对大自然的威胁，只有彼此信任，才能战胜敌人。

生活在集体中，人们必须随时关注他人对自己的看法和态度，必须时刻对他人的评价保持敏感。要了解他人是喜欢还是讨厌自己，接纳还是排斥自己。所以，人们非常关心自己在他人心目中的形象、自己在群体中的位置。当一个人不能确定这一点时，就会产生人际焦虑。

真正的感觉良好有两个来源，一个是自我评价，还有一个是他人评价（见图 2-1）。

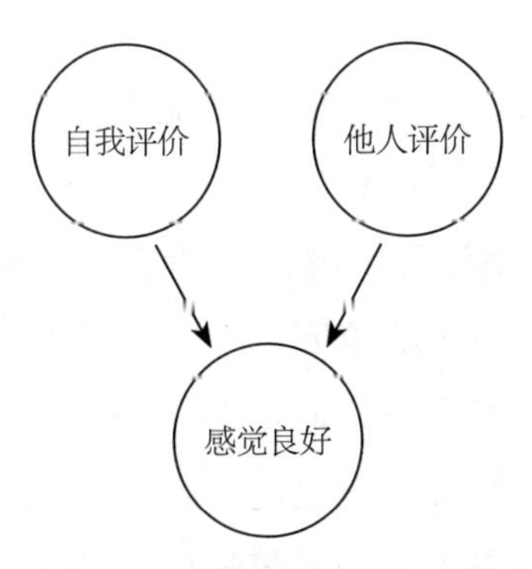

图 2-1　感觉良好的两个来源

什么是他尊

他尊显然比自尊问题复杂得多。他尊是近 20 年才开始出现的概念。目前的定义并不成熟和统一。

一个比较流行的观点认为，他尊主要是指一个人把他人看作是什么样的人，他尊水平高的人把他人评价为有价值的、有尊严的、合作的、善意的、有权利的，应当得到尊重。所以，高他尊的人会把他人评价为积极的人，考虑他人的感受、他人的意见和利益，善于为他人着想。中国传统文化中，尊重更多是指向他人而不是自己的，我们称呼他人时更多用尊，如令尊、至尊、尊姓大名，而称呼自己时很少用尊，相反用的是卑，如卑职、鄙人、小的所见，如果一个人过于“自尊”我们就会瞧不起他，说他唯我独尊、是自恋狂、没有礼貌等。中国传统文化的自我概念，有集体我成分，所以，更加注重人际关系和礼节。

上述他尊的焦点指向个体加工他人，评价他人，具有伦理和道德上的指向，对于避免自我中心、关心他人的福祉具有积极的作用。然而，上述理解缺少心理学的深度。

我们认为，从心理学角度，他尊还涉及一个人如何评价和理解他人与自己的关系。人们更加关心在他人心目中，自己是一个什么样的人，他人对自己的评价是什么。整体上，是支持自己的、可信任的，还是看看笑话的、恶意的；是热情的，还是冷漠的。

我们认为，上述两个理解都是正确的，他尊既包括他人如何评价自我（涉及对他人与自己关系的加工和解读，心理学上也叫作关系表征），也包括个体如何评价他人（见图 2-2）。

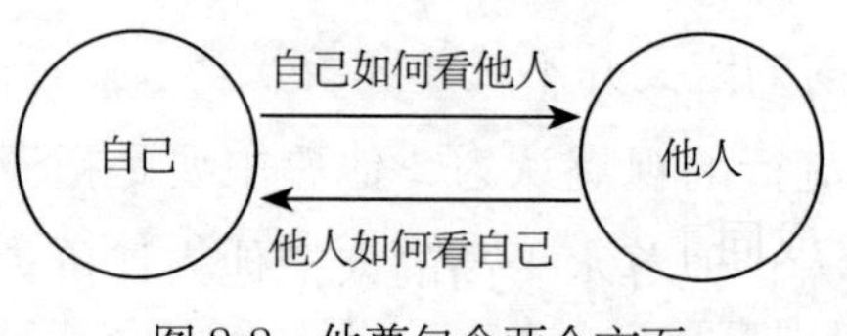

图 2-2　他尊包含两个方面

他尊的主要内容如下：

（1）在他人心目中的整体的自我形象。他尊主要涉及个体有关他人如何对待自己的评价，是指个体是否相信自己在他人心目中是受到尊重的，他人是否尊重自己、信任自己、支持自己。

（2）他尊是指有关他人是谁的评价。如他人是否有价值、是否重要，是否值得信任，是否是善意的等。

（3）他尊具有一定的整体性和调节性。比如，如果一个人总体上把他人加工为积极的，即便是某一个具体的人伤害了他，他仍然坚信其他人是善良的。并因此很快修复自己的消极情绪。反之，整体持有他人消极表征的人也会一时爱上某人，不过，如果关系受挫，或受到所爱之人的伤害，他就会回到他人不可信任的整体评价上，并因此放大与爱人的冲突与隔阂。

（4）他尊也可以分为高低不同水平。如果一个人总体上相信，他人会对自己持有相对积极的看法和评价，他人眼中自己的形象是可爱的、有价值的，至少是中性的，他人基本上是支持自己的，可合作和信赖的，他就是高他尊的。高他尊带来社会信任。把他人加工为可信任的和可以合作的人。反之，如果经常认为他人是轻视自己的、排斥自己的，或者与自己无关的，就是低他尊的。

高他尊的人有如下的行为表现：

- 相信朋友或同事对自己态度友好。
- 向朋友或同事求助的时候不会犹豫。

- 相信朋友或同事愿意回应自己的沟通请求。
- 深信自己在朋友或同事中是有价值的。
- 感觉与朋友或同事建立了好的关系对于自己非常重要。
- 愿意在交友上花费一定时间。
- 愿意与朋友或同事分享自己的好事。
- 承认他人的权利和价值。

前两章分别介绍了自尊和他尊的特点。那么，自尊和他尊有什么积极功能，对于人们的幸福和心理健康有什么影响？下一章中你将找到答案。

第三章

自尊与他尊的积极功能

自尊和他尊在我们的生活中有什么用处呢？不少人认为活着就是过日子，没有自尊和他尊不也可以活得很好吗？成天想着自己和他人是谁的问题的人，都是一些心理不健康的人。这种观点是错误的，自尊和他尊指导着我们的生活，如果你想拥有幸福和健康的心理体验，同时拥有两者是必不可少的。

显示器的功能

自尊是自我状态的显示器

自尊有助于我们了解自我、监控自我和指导自我。

张老师是某大学的副教授，他主要研究老庄哲学，最擅长讲的课程就是如何面对得失，如何化解欲望。他在讲接纳失败和患得患失的哲学问题时非常投入，总是以塞翁失马的故事开头，讲庄子的人生哲学。他讲课生动、声情并茂，学员经常被他的真诚和投入所感动。每次下课都有好多学生与他交流听课体验，最后总是说："像张老师您这样豁达乐观的人一定什么挫折都不在乎，我们永远也修炼不到您老的境界。"没想到不到一年，老张就得抑郁症住院了。原因是学院评正教授，只有一个名额，在最后一轮学术委员会投票表决中，因为课题和论文数量少，他没有评上；加上他的儿子被诊断为先天性心脏病；在双重打击下，他精神崩溃了。他失眠、嗜睡，无法集中注意力，甚至经常想到自杀。在自尊的测验中，他的分数属于严重的低自尊。

受打击后，人的精神状态，包括自我评价，就会出现波动。自尊的主要作用是显示这种自我状态。

自尊就像镜子一样，反映着我们所处的状态和位置。比如，你家里来的客人都是你的同事和好友，与你的社会经济地位差不多，你的自尊就不起作用。突然有一天，你家来了一位多年不见的发小。他过去混得远不如你，但如今却是一个权高位重的人，你的自尊就会出来提醒你自己所处的地位，你就会变得谨慎或紧张。

自尊的主要作用是让我们知道我们的自我处于什么状态，自尊对社会比较、社会地位、成功或失败非常敏感，对他人是接受还是排斥自己也非常敏感，类似体温计的作用。

体温计显示我们的体温的状态，体温是正常还是高烧。同样，自尊相当于自我状态的“温度计”，显示我们是否处于令自己满意的状态，我们的重要心理需要是否得到满足。没有这个显示器，我们就处于盲目的状态。

美国心理学家 Mark R. Leary 于 1995 年提出了一个著名的社会计量器理论（sociometer theory），认为自尊如同汽车上的仪表盘。我们都知道，仪表盘上有油表、水温表、转速表、时速表，这些仪表反映着汽车运转的功能和状态。功能正常或运转正常时，各种仪表灯不亮，如果发生故障，各种仪表的灯就会亮，如缺油了黄灯亮，水温过高了红灯亮，提醒着人们去解决问题。

那么自尊也类似这样的仪表盘，只不过它的作用是显示我们的各种心理需要的满足与受挫情况。心理需要是人们获得精神成长和幸福体验的需要。人的一个基本心理需要是胜任的需要，促使人们取得成绩、获得成功。

当我们的心理需要受挫时，自尊就会自动进入报警的状态，心灵的“仪表灯”就会亮。当胜任的需要受挫时，如晋级失败、面试失败、学业失败，自尊就会下降。

显示器报警还告诉我们，问题不仅出现了，而且需要我们着手解决问题了。如当我们因为考试不及格而情绪低落、自我怀疑时，就是自尊在提示我们要通过积极地投入和行动来解决问题。

然而，这个显示器系统可能运转失灵，给出错误的警报。

错误的警报有两种。第一个是误报，即没有出现问题，却报警。比如，一个低自尊的人虽然在能力和被人尊重方面都是正常的，却总是感觉自己不好、不可爱，他们放大自己的缺点，自我感受与客观表现不相符合。

第二个是漏报，比如，一个虚假高自尊的人虽然在能力表现和被他人喜欢的程度上都相对较低，却主观上认为自己什么都好，消极评价都是来自别人的恶意。在他们身上，有缺陷的自尊放大了自己的优点，缩小了缺点。

既然自尊类似显示器或仪表一样发挥着显示心理状态的作用，这就给了我们一个重要的启示，即我们不能通过直接维护或拔高自尊的方式来获得自我的正常。直接提升自尊有点像更改油表的参数，不仅不会使自我运转恢复正常，反而会加重自我运转的混乱。失真的仪表会带来驾驶的灾难。我们要做的是修复失灵的油表，让我们的自尊恰到好处。

他尊是人际关系状态的显示器

他尊是与其他人关系好坏的显示器。反映的是一个人受到他人接纳还是拒绝的情况及其过去类似的经历与记忆，以及一个人所觉察的过去、现在和未来的人际关系的价值。

人的另一个心理需要是归属，包括被人接纳与喜爱、被人尊重和欣赏。当我们的各种心理需要处于满足状态时，我们会信心满满、爱情满满、受尊重满满，此时，他尊处于非警报状态。如果归属需要受挫，如受到同事、同学的排斥，受到领导的批评，甚至恋人的抛弃等，就会导致他尊的下降；而被他人接纳和喜欢的时候，他尊就会上升。

调节器的功能

汽车仪表显示异常，并不代表驾驶员就会采取实际行动，有效地解决问题。有的驾驶员看到油表黄灯亮了，错误地认为还能跑到下一个高速服务区，而不是立即下高速去加油。结果汽车在高速路上抛锚。

自尊也承担着调节行为的功能。比如，某一个研究生因为论文受到导师差评而感觉自尊明显降低，但是，这会促使他采取有效行动去修改论文，从而取得好成绩。调节也会失灵，如有些受到差评的研究生整天看小说，或通过喝酒来麻痹自己，回避问题的解决，就会导致问题的严重性进一步加重。

对于他尊而言，也是如此。比如，受到来自他人的排斥或消极评价后，你告诉自己："我要小心一些，反省自己的言行，慎言笃行。"如果确信是自己的问题，就进行弥补。如果认为是别人的问题，你就通过提升自我评价、捍卫自己的价值观来抵御他人的排斥，坚持自己的立场。

高自尊的积极作用

自尊本身的字面含义就包含着高自尊的意思。尊即尊重、尊严的意思，以什么为高就是尊。自尊就是指以自己为高，重视自己。所以自尊是褒义词。

然而，人对自己的热爱程度是存在差异的，存在着高低不同水平的自尊。

总体上，高自尊有利于发挥主动性，使我们感觉到活力。

高自尊的人通常能够从积极的视角来看待自己，热爱自己，对自己保持较坚定的肯定，不会轻易受别人评价的影响，不依赖别人，并与他人保持清楚的心理界限，坚持独立见解，少有自我怀疑和害羞腼腆的感觉。他们具备胜任感，行动有效、果断与专心，意志坚定。

高自尊的人高度热爱自己，喜欢自己，对自己是一个好人充满信心，毫不迟疑，因此，经常充满活力，具有正能量，拥有乐观的生活风格。他们认为自己的优点是主流，缺点是支流。他们经常戴着玫瑰色眼镜看待自己，经常充满自豪感。

高自尊使人们成为一个自我定向和自我选择的人，使人们肯定自我的价值，热爱自己的存在，促进人的自主性。现实生活必然充满偶然性，人们每天都会面临许多选择，面临着各种各样的诱惑和机遇，也面临着无数可能的失败和灾难。所以，内心深处必须有深深的自信才能应对复杂而艰难选择和偶遇的危险，这种深深的自信就是自尊的力量。它使人忠于自己的本心，表里如一。

自尊帮助人们树立自己独特的生活标准，面对各种诱惑，主动地进行选择和承诺，勇于舍弃那些虽然充满诱惑但不符合本心的目标，更加容易获得满意感和幸福感。

高自尊使我们坚信自我价值，也非常有利于我们战胜焦虑。现代人普遍存在严重的焦虑，焦虑反映的是对于未来的不确定的恐惧。人们多少都会面对未来的不确定的问题，所以都会焦虑。自尊让我们坚信和认同自己的人生目标，使我们对于自己的目标抱有信心，使我们的人生目标成为内心深处的自我价值的体现，使我们对自己的选择充满信任，有助于提升安全感，并促进我们为目标而付出行动。

高自尊也是应对苦难的最为重要的心理资源。

高自尊使我们在面对失败或挫折时，向内寻求力量，而不是通过麻痹自己缓解痛苦情绪。我们生活中越来越多地出现了酒精成瘾、网络游戏成瘾等。各类成瘾的原因之一是不能调节失败，挫折后的情绪痛苦令人无法承受，于是通过酗酒或游戏来麻痹自己，以此逃避现实的痛苦。高自尊使人在经历失败或挫折后，重新调动自爱、自我珍惜和自我原谅的内部积极资源，如实地面对挫折，接纳失败，有助于从失败中恢复。

一个人很难不受到他人的不公正的对待和排斥，而高自尊使人们形成明确而清晰的自我评价和自我价值，有助于抵抗周围人的排斥、打击，形成心理弹性。个体对自己的热爱如果不稳固，就很容易受他人或群体的影响。当一个人对于自己是什么人有比较清晰的看法、对自己的价值持有稳定和积极的态度时，就有助于抵抗他人的排斥，减弱来自他人的干扰。

相比之下，低自尊的人则通常以负面的观点来看待自己，缺少对自己的信心，或者对自己的看法非常模糊，不能肯定自己是不是有价值的和可爱的。他们不是过于依赖别人，就是恐惧和害怕别人。他们经常低估自己的能力和价值，夸大自己的不足，好像经常看见自己的缺点才有安全感。

他尊的积极作用

他尊主要通过预期的方式来影响人际交往，个体所相信的"他人是否接受自己"的观念影响并调节着他今后的人际交往的行为。社会信任可以被建构为在缺少明确人际反馈的条件下，个人对即将发生的人际互动的预期和看法。个体把对当前的人际关系价值的看法输入到自尊中，然后通过这种你 - 我关系的评价和预期，来决定自己的社交行为、情感和价值。

当一个人的他尊出现问题时，意味着他对于其他人的看法和对关系的加工出现了消极偏差，比如经常怀疑自己作为关系伙伴的价值，或者说倾向于相信自己在别人心目中是不可爱的、不被他人或群体所接受的，认为他人的存在可能是一种威胁，他人可能瞧不起自己。他把这种怀疑投射于过去、现在和未来。或者出于补偿这种消极的自我体验而一味讨好别人，损害了人际平等。

例如，在参加面试之前，一个社会信任（他尊）水平较高的人会发自内心地认为，评委像自己的父母亲一样，是充满善意的，他们不是挑剔的，而是在挑选一个适合工作岗位的员工，自己在他们眼中很有可能是可爱的，有价值的，只要正常表现就可以了。因此，他可以安心地准备面试，虽然不妨也有些紧张，但不至于失常或失眠，因为一切都在正常的掌控中。

一个缺少社会信任的人，则倾向于觉得评委们都是大人物，“来者不善，善者不来”，这些人什么人没见过，自己这样学历的人能被人瞧得上吗？自己的经历和资历一定比不过其他的竞聘者，可千万别丢人，别让人看出自己的心虚。自己一定要超常发挥，给他们留下深刻印象才行。越是这样想就会越是紧张，结果面试前一天晚上失眠，导致第二天发挥失常。

心理健康 = 自尊 + 他尊

将自尊和他尊两者结合起来可说明完整的心理健康。

如果我们把个体内部的自我肯定叫作“里子”，人际关系肯定叫作“面子”，那么，心理健康就等于里子加面子。

更多的时候，上述两个因素相互配合，整合起来发挥作用。比如，一个同时具备自我肯定和信任他人的人，虽然难免受到来自领导的批评或责备的影响，但是，他可以有效而灵活地应对批评。

自我肯定的力量使他可以不被他人的态度左右，在自认为是原则的事情上，听从内心的召唤，不屈从于他人的压力，哪怕是权威或领导。

社会信任的力量，使他面对领导的批评不会产生冲动，如产生怨恨、逆反或报复等过激行为反应，也不会为了反抗而刻意保持独立，为证明自己的独特，而有意与众不同。社会信任使他不以防御的态度，来维护自我的价值和立场；使他能够有效地调节愤怒情绪，理解领导的批评背后的善意与苦衷，妥善地解决与领导的冲突。

人性能达到的最高境界就是自尊和他尊的平衡。

没有自我力量的他尊使人失去人格独立。张阿姨因为人际关系前来咨询。她说自己活得太累，经常陷入冲突中。周围的人都认为张阿姨是一个好人，但她并不这样认为。她过于在乎他人的评价，总是生活在他人目光中。比如：他人一旦不经意送一个小礼物，她就非常不安，总要还回去一个更大的礼物；有人出差给她带一盒点心，她就要回请他人吃一顿大餐；去外地旅游时，外地老同学出车接送了她，她就给同学的女儿买了一款最时尚的手机。问题在于张阿姨收入不高，这样的人情债让她苦不堪言，以至于现在只要受到他人恩惠，就格外紧张。她说，自己并不是一个能准确地站在别人立场、关心别人的利益的人，自己真正担心的是害怕自己占了别人便宜，被认为是一个知恩不报的人。

没有他尊制约的自尊使人自恋。李刚是一个退休干部，他最大的爱好是吹牛，与他聊天简直就是受精神污染。同学聚会，他总是吹嘘自己的事业做得多么大，自己多么忙。比如：吹嘘说自己刚与市长吃过饭，正在策划将整个中山广场包下来，改造成一个新的文化街区；自己正在操作两个公司，马上就要上市；见到漂亮的女同学就说，自己正在投资几千万的电视剧，是一个大制作，一定让她担任一个角色。其实，聚会结束后，他总是骑一台电动车回家。还有一次，接待外地来的老同学，他事先在网上查了一个本地有名的餐厅，吹嘘说这个餐厅是外国某元首去过的最好餐厅，自己与餐厅老板是朋友，经常去这里吃饭。结果自己却不认识路，点的菜又贵又不好吃。结账时，还借故去了卫生间。李刚与人说话时，从来不理睬别人的反应。一次，与他散步的朋友说自己有腰椎间盘突出，走路久了就得歇一会儿。他听了这话，没有任何反应，还是一个人在前面快步走。李刚的问题在于，从不考虑别人的感受，在他的心目中，别人仿佛是空气，只有自己的感受才是最优先的。这说明自恋如果不受到他尊制约，会导致极端的自我中心。

那么，什么样的人，才是自尊和他尊整合得很好的人呢？冯老师在实验中学教体育，他身高 1.85 米，一表人才。表面上看，他不苟言笑，有些严肃，同学们都有些怕他，上他的课时，差生也不敢捣乱。但是，接触时间长了，会发现他内心的热情。课上同学摔伤了，他像家长一样着急，叫车送去医院，垫上医药费。课间，他总与学生聊家常。校庆时，他居然能迅速地叫出毕业 20 年的同学的名字。毕业生请他吃饭，他总是现场赋诗一首，并把上次聚会的录像剪辑好，现场回放。每个班的毕业生聚会，都愿意请他参加。冯老师就是一个既热爱自己，又热爱他人的人。

第四章
自尊和他尊的起源及其发展

镜中我

镜子的发明在我们生活中实在是太重要了。我们的长相是什么样子？五官精致吗？身材棒吗？在没有镜子之前，我们是无法知道的，可能偶尔会在水中的倒影中看到自己的身影，但这个形象是不清晰的。只有通过镜子，我们才能看清自己的外表。

那么，我们如何定义我们是一个什么样的人？我是可爱的还是不可爱的？我的存在是有价值还是无价值的？显然，并没有这样一面物理的镜子来反映我们有关我是谁的定义，镜子无法映出我们的精神性和价值性。我们是一个好人还是没那么好？是有能力的还是无能的？这个问题不像外表长相那样相对还有一个客观一点的标准。自我评价纯属虚构。

我们通过与抚养者的互动，通过陪伴我们成长的重要他人对我们的反映，通过他们对我们能力的评价、对我们热爱与否，通过他们的表情和感受所表达的肯定与否定，才形成了自我概念。他们回应我们表现的特殊语调、厌恶或热爱的表情、主动或被动的态度，让我们觉得自己是否有价值、是否重要。

在长期的与父母的互动过程中，父母对我们的评价与态度，类似一面镜子，镜映出我们是一个什么样的人，而父母的态度与他们的性格、成长经历、人生观以及我们的行为表现都足以影响他们对我们的态度。在漫长的成长过程中，我们吸收或借鉴了父母的镜映，结合自己的经验，学会了从特殊的视角来评价自己。

通过父母的镜映，我们还形成了有关他人是谁的表征。父母的爱与肯定，使我们坚信陪伴我们的人是积极的、可信赖的、需要时会帮助我们的；父母对我们的积极态度使我们形成了社会信任。

然而，父母的镜映是主观的，存在着极大的个人偏见，可能是歪曲的，也可能是积极的，可能放大了我们优点，也可能是消极的、关注我们缺点的，这些都与父母是什么样的人有关。

人际关系对他尊的影响

成长过程中，经常受到他人的肯定和支持，我们会形成有关他人的积极心理表征，把他人加工为充满善意的、在需要时可以提供帮助与支持的。

他尊受他人对自己的看法和态度的影响，自我评价的准则反映了来自重要他人评价的准则。

婴儿通过遗传获得的力量是有限的，甚至不如动物。刚生下来的小马几个小时之后就能站立，鱼出生不久就会游泳，相比之下，人类婴儿最突出的只有一个看似不中用的大脑袋。它是精神的器官，是人类最重要的装备，它是为人际关系准备的。这个大脑袋会使婴儿产生对自我和他人的信念。

研究表明，童年不断重复的人际模式会成为一个人固定的脚本，其成年后的人际交往会重复这个固定的脚本。

比如，某男 L 经常被母亲 K 批评与责骂，他学会的脚本是 K 责骂 L，然后 L 愤怒与自责。这个脚本有三种形式：

（1）重演。L 长大后，会倾向于接受能再次形成这种互动的人，我们称之为 L+，L+ 可能是老板、老公、领导。有研究指出，儿时经常被母亲批评的女大学生倾向于找会批评自己的人做导师。

（2）模仿。L 可能学会了批评与责骂的行为，长大后找到替代的被批评者 L-，K 责骂 L，变成 L 责骂 L-。调查指出，经常责骂孩子的母亲，一般也有被母亲责骂的经验。

（3）内化。内化早期的交往模式，形成内在体验模式。K 责骂 L，变成了 L 责骂 L 自己。母亲长期的批评与责备，使胆小怯懦的 L 经常责骂自己。在遇到挫折后，她经常进行自我批评，贬低自己，最终形成羞耻或内疚，导致抑郁情绪。有研究指出，经常受到父母批评的大学生倾向于自我批评。

上述的前两个过程与他尊有关，第三个过程可以解释自尊如何受亲子关系的影响。

我们对他人的评价和态度不是从真空中产生的，而是由父母塑造的。

你的父母是什么样的人？他是如何对待你的？对你有什么期望和要求？在你的眼中，他们是如何评价和如何与你联结的？他们是苛求的还是无条件接纳你的？他们想通过教养你来实现他们自身的什么愿望？

他尊像自尊一样包含着来自童年的人际关系的记忆和经验。它发源于早期亲子互动的记忆痕迹，像一个磁盘，记录着早期的亲子关系经历。爱他人和自爱的体验本质上反映了父母爱自己的程度。

婴儿的自信主要是借来的。如果日常亲子接触中，父母一贯表现出来对孩子的爱与接纳，孩子就会内化这种爱。父母爱你，就会变成“我爱我自己”。

父母的爱抚、欣赏和赞美作为亲子交流的过程，成为一种习惯和风格，在生命的早期会被聪明的大脑袋习得，变成内部的关系和内部的交流过程。内化成为一个对自己小声叨咕的对话：“我表现不错，我表现得很可爱”“你也很可爱，可以依靠”。通过父母提供的照顾，借助和爱自己的父母相依相靠，婴儿在发展过程中，会产生一种全能感和幻觉（也可以叫作自豪感），这使他们相信自己有无穷无尽的力量，同时也形成拥有他人的保护和支持的信念。

积极关系内化的结果形成了一个积极的他尊和自尊，它是人们的精神家园、灵魂的归宿、情感的天堂和安全基地，它非常稳定可信，伴随你走过风雨人生。

此外，他尊还受现实的人际关系的影响。

关系的好坏可以衡量人的他尊水平。当一个人感觉到有人肯定、尊重自己，或接纳自己时；当他感觉周围的人都没有敌意，是可以信任和合作的时候；他就会感觉良好。而相反，当他感觉到别人对自己充满不信任和敌意，或者拒绝自己时，就会处于一种防御或焦虑的状态。

超越詹姆斯的自尊公式

自尊主要有两个来源：一个来自我们的能力的实现和重要他人对我们的能力的评价，它们形成了自信；另一个来自父母对我们的接纳与高质量的爱，它们形成了自我价值感。

自尊首先与一个人取得的成就有关，成功体验及有关的评价促进了自尊水平的提升。

美国心理学家詹姆斯在100年前思考自我时，提出了一个著名的自尊公式，认为：

$$自尊=\frac{能力}{抱负}$$

根据詹姆斯的公式，影响自尊的第一个因素是抱负。抱负一般有两个含义。第一个往往与你是一个什么样的人有关，与你的目标与追求有关。自尊的获得事关你在所倚重的价值领域取得的成就。比如，如果你是一个足球运动员，你的声望和才能、收入、生活方式都与足球有关，如果你在足球领域取得了突出的成就，超越了众多的球员，成为球星，你就会获得并提升自尊。但是，其他领域的成功不会令你获得自尊，比如，一位田径运动员获得奥运冠军带来的自尊远比参加一个综艺节目临时演唱而获得的好评更加强烈，一位跳水运动员客串文艺界的表现带来的自尊满足远不如参加跳水比赛获得金牌。

再比如，我的某位同事在心理统计学或实验心理学领域成就非凡，不会引起我的嫉妒，同样，当某一乒乓球打得很好的同事参加全国教工比赛得第一名时，我也不会嫉妒。但是，如果某人在心理咨询或积极心理学领域成就非凡，就易引起我的嫉妒。因为我从事这个领域的理论研究与实践，所以非常看重自己在这个领域的成就。所以，要想提升自尊，根据詹姆斯的理论，你一定要在你最为看重的领域提高能力，取得成就。

抱负的第二个含义是你制定的标准，自尊与你设立的标准有关。比如，如果你的期望与标准是在奥运会上得一个奖牌，结果你得了一个铜牌，如愿以偿，你就会高兴，如果超出预期得了银牌，你会更加高兴。但如果你的标准是得一块金牌，结果只争得了银牌，你就会失望。所以，我们可以理解为什么奥运会前三名中，最郁闷的往往不是铜牌获得者，而是银牌获得者，这完全取决于期望值。

根据詹姆斯的公式，影响自尊的第二个因素是能力，也可以叫作成就。如果个体因为能力提升而获得了成功的结果，那么自尊也会提升。所以，取得成功或者降低抱负都可以通向自尊。为了实现自尊，你可以把事情做成，也可以放弃你的目标。

我们知道，詹姆斯也是实用主义哲学的创始人，晚年主要研究实用主义哲学，这个哲学影响了其后100年的成功学。

詹姆斯的自尊公式说明自尊与个体在所重视的领域取得的成功有关。成功一次，自尊提升一次；失败一次，自尊下降一次。

但是，这个理论在现实中难以实现。

首先，降低抱负太难，谁都知道无欲则刚这个道理，但在自己身上难以实现。

其次，成功的资源和机会有限，成功主要取决于不可控的天赋和机遇，我们并不能保证一定能成为一个出色的人，相反，平凡的人倒是随处可见。天生我材并不一定有大用，反而可能只是有点小用。但不成功，难道我们就没有价值了吗？我们就不能感觉良好了吗？

何况，成功不是永远的，成功会过去。人终有老的一天、退休的一天，成功与成就会远去，难道那个时候就没有自尊的可能吗？退休的老人无用了，就与自尊无缘了吗？

所以，来自成功体验的自尊是少数人才具备的，是不稳定的。因为这种自尊是有条件的。

詹姆斯的自尊公式的不足是脱离了他尊来看待自尊，只有来源于他人支持和尊重的自尊才是稳定、无条件的自尊。当自尊的根源来自温暖的人际关系时，其性质是完全不同的：即使我输了，但我仍然是有价值的，因为我有你的陪伴和支持，有你的关心和爱，即使我失败了，但我还拥有你。

一个老人也是有价值的。其价值可能在打太极拳的活动中，在夕阳下的散步中，在颤颤巍巍的看病途中、在与癌症病魔的搏斗中，在与孙子的互动中，而不在于他是多么优秀和有钱。只要他是一条鲜活的生命，努力专心做自己喜欢的事情，履行生命的义务，他就是有价值的。

在信任和包容的人际关系中，一个人无论输赢都会获得内心的宁静，他的内心经常处于热爱、专注、投入和接纳等心理状态中。一个不成功的但拥有朋友陪伴的普通人，完全有资格登上自尊的殿堂。他虽然在某一事情上失败了，但他有朋友的见证和陪伴。

自尊和他尊的种子扎根于温暖的亲子关系

自尊的形成主要来源于亲子关系及其交往经验。认为自己是有价值的、可爱的自尊体验本质上反映了联结和归属需要的满足。正如布朗指出：归属感是指被无条件地喜欢或者被尊重的感觉，被喜欢不需要任何特定的品质和原因，而只是取决于这个人是谁。归属感给人们的生活提供了安全的基石。“它给人这样一种感觉，即无论发生了什么事情，他们都会受到尊重。”[1]

然而，一个人不可能每天都受到来自他人的尊重和接纳，相反，冲突、猜疑和被控制反而是生活的常态。那么，是什么神奇的力量使一个人那么肯定地相信自己在别人的眼中是无条件被接纳的，无论发生了什么，自己作为一个人都是有价值的呢？

自尊是一种内部的交流过程，体现为一个人如何积极地与自我对话。这种自我评价过程是人类特有的能力，与人类使用符号和语言交流有关。在长期的教养过程中，抚养者爱孩子的情感，内化为孩子的“我爱我自己”这样一种自我评价。

这种交流的过程作为一种习惯，是早期习得的。出生时，婴儿没有自尊，只是一个生物学意义上不断满足需要的个体。婴儿在成长过程中，不断地寻求生理和心理的满足。比如，一个婴儿具有主动寻求与父母联结的需要，他需要获得父母的保护。婴儿出生时的第一声啼哭就是寻求父母的关注和安抚。在生命的早期，婴儿就会寻求与母亲（抚养人）建立依附的关系。母亲给了他所需要的一切，所以对于婴儿的生存来说，母亲是他必不可少的依赖对象，他会经常关注母亲是否在身边，与母亲保持亲近，如果婴儿处于不熟悉的环境或者与母亲分离，他就会苦恼甚至哭闹。

在心理成长过程中，自尊和他尊同时形成，相互帮衬，一个都不能少。

一方面，母亲的温暖、爱抚对于婴儿的自我力量的形成是必不可少的；另一方面，婴儿的及时回应、对母亲产生的积极反应，如微笑、注视等也非常重要。也就是说，婴儿出生后不仅从母亲那里获得被喂养的满足，而且从母亲的爱抚、抚摸、温暖、柔情和关爱中发展出自尊、自我调节和人际关系的能力。

母亲是否在这个互动中深情地投入、主动地参与，母子之间是否展开相互的积极交流与沟通，相互调节，是自尊和他尊的重要源头。婴儿出生后第一年的母婴双方相遇、相知、相互影响，彼此产生信任，形成稳定的、可预期的关系模式。这种互动的模式提供了自尊和自我调节的发展基础，也使婴儿形成了前语言符号（presymbolic）的自我和他人的心理表征。所谓前语言的心理表征是指婴儿在语言形成之前有关自我和母亲的情感反应模式，以及彼此间稳定的印象。这种早期的互动模式、投入的方式，以及主动性和热情性，构成了人一生的心理发展的原型。婴儿时期出现的前语言符号心理表征，是两岁时开始发展的语言符号的自我和他人表征的基础。有关自我和他人的心理表征的模式围绕着两个基本心理任务来展开，第一个是他尊或亲子关系的发展，第二个是自尊或自我认同的发展。

这个过程中，母亲的作用是更加主动的。一个耐心的母亲面对一个爱哭闹、脾气不好的孩子会进一步地调节自己的行为，她会意识到自己或许不够耐心，提醒自己要更加耐心一些；而一个焦虑的母亲则变得更加焦虑和担心，会怀疑自己没有能力带好孩子。这种反应进一步地影响婴儿的心理反应。耐心的态度有利于抚平婴儿的哭闹，反过来使母亲安心。而母亲焦虑的、不知所措的反应则进一步地强化了婴儿的哭闹，反过来促使母亲更加焦虑。

不同的母亲和不同的婴儿相遇、互动，形成了一个稳定的模式，使婴儿建立起对于关系的预期，并形成关系调节模式。这些预期指导着现实的母子互动。如婴儿反复面对一个平和的、温柔而坚定的和反应及时的母亲，他就容易相信自己的感觉，不仅认为母亲的关照是可预期的（他尊），而且也相信自己的反应是有效的，可以及时引起母亲的回应（自尊）。

精神分析学者布拉特（Blatt）指出，自我力量（自主、自我调节和自尊）和人际关系能力（他尊、社会信任）在亲子互动过程中是彼此独立的过程，但也是相互影响的。在母子互动过程中，婴儿的游戏行为具有独立于母子关系的特点，具有稳定的行为模式，具有受母亲行为影响的自我调节的特点。

一方面，在0～1岁期间，婴儿的兴奋性、情绪表达和注意的焦点主要围绕着婴儿自身的自发能力和主动性展开，亲子互动模式影响着婴儿是否活泼、外向、独立，情绪的表达的特点，构成了内部的自我特点。

另一方面，在亲子关系中，双方的注意力、互动的质量，也代表着人际关系的能力，影响着婴儿对母亲的预期和态度，这个预期是最初的社会信任的基础。

婴儿出生后的头一年中与母亲的互动模式，会对两岁时以语言符号形式出现的对自我、他人及其关系的表征产生影响，随着儿童语言能力的形成，这种自我、他人及其关系的模式会内化成复杂的内部工作模式。这些模式是潜意识的，以记忆的方式表现出来，也是程序性的，像行为规则一样约束着行为，形成了人际关系的规则和意义。

父母无条件的爱

自尊和他尊像一个种子一样，只要置于有热情温暖滋养的环境中，就会自然发展和向上生长。著名心理学家罗杰斯曾有一个比喻，在晦暗的菜窖中，只要具备了适当的温度和湿度，一个土豆就能本能地追逐着透进菜窖一线阳光，自然地朝着阳光成长。

如果抚养人对于婴儿需要的回应是温暖热情的、及时的，充分满足了婴儿的基本需要，婴儿就会发展出积极肯定自我和他人的观念，他就会倾向于相信自己和他人是可爱的，有价值的。他的积极感觉和积极情绪占据主导。

只要给人类婴儿一个健康而具有支持性的成长环境，他就能自然地发展出独一无二的活力和潜能。他自然地清楚自己的特长、优势、需要和兴趣，会自主地发展自己的爱好，发展出与人相处的能力和态度。他会成为自我人力资源和情感资源的开发专家，利用自己的现有能力，发现自己的价值和生活目的。他会信奉自己内心的力量，遵循着自我实现的道路，一往无前。

只要环境是充满爱和安全感，并具有适当指导和约束的，大多数儿童都会发展出乐观、自信和利他。他们知道如何解决困难，如何在受到挫折后学会忘记，而不是自责。他们热爱自己的生命，并对自己的生活赋予价值。他们勇于表达自己的意见和分歧，学会了在尊重别人意见的同时，果断地坚持自己的观点，他们拥有充分的安全感，不惧怕任何权威。他们也会有烦恼和焦虑，但这些都是可以解决的，会促使他们更加有效和快速地解决问题，以摆脱情绪的困扰。同时，他们也学会了如何信任别人，如何主动地关心别人。

自尊和他尊与无条件的爱有关。所谓无条件的爱是说：父母不能根据自己的爱好和情绪来教养孩子，而是要以孩子为中心，设身处地地为孩子着想。这是一种大爱，大爱无欲。

在自尊形成过程中，他尊起着重要的作用。儿童对于他人的社会信任是自尊形成的最为重要的因素。所谓的社会信任并不是理性的“他人是好人”的判断，而是以归属感为基础的人际情感联结，是一个人对他人无条件的信任，是有困难时可以从他人那里寻求并获得保护与支持的信心。

父母在满足儿童的需要的过程中，让儿童产生某种可依赖感，形成他人支持的可靠感。这种可靠是无条件的，是我们在一起的感觉。

高他尊的人总是信任他人的，求助时一般很少会想到别人的拒绝，他们遇到困难时，总是第一时间想到能够帮助自己的人，面对危险时，能够先向父母等亲人求助。他内心感觉并不是一个人存在，而有一个团体在帮助自己生存。我以为，这种对他人的信任感和依恋应当先于对世界的信任而发展，它影响着个体如何应对焦虑情绪。

归属感应当是儿童自主发展的基础，人际联结和社会信任是婴儿发展起来的第一个心理结构。只有借助人际纽带，生命的意义才会丰富。有关孤儿院孤儿的研究发现，离开父母照料的孩子，如果只有基本生理需要得到满足，却没有被爱抚和拥抱，那么死亡率仍然会居高不下。人际归属感为将来探索世界提供了勇气，是儿童未来适应陌生世界时的勇气库和能量库。

如果这个阶段的父母因为自己的性格缺陷而不能无条件地热爱和照顾孩子，表现出粗心、冷漠、恼怒和不耐烦，孩子就会感受并记住这些经验，形成有创伤的人际关系情感记忆。他会觉得他人（父母）是不可信的；求助时，其帮助是不可获得的；父母是有威胁的，甚至是可怕的。儿童学会用愤怒、悲伤、回避等方式引起他们的注意，或者学会回到自身独自体验孤独，或者通过追求成就来引起父母的关注。

在这个过程中，儿童无法应对焦虑和恐惧，可能会形成“我渺小”和“我卑劣”的自我评价。

自尊和他尊是稳定的有关自我和他人的认知模式

英国的心理学家鲍尔比（Bowlby）结合发展心理学、精神分析和认知心理学，从安全依恋的视角，为自尊和他尊的理论提供了更为有力的科学基础。

依恋是指个体与依恋对象（父母及其他抚养者）之间形成的亲密、稳定、持久的情感纽带。人类天生具有依恋系统，儿童在遭遇困难与挫折时会激活并产生依恋行为。通过这种情感纽带的建立，依恋对象为个体提供了安全港湾（safe haven）和安全基地（secure base）两种功能。安全港湾为儿童提供生存需要，儿童从依恋关系中可以获得安全与保护。安全基地使得儿童获得安全和勇气，让他们可以自由地探索外部环境。

当亲子的安全依恋基地形成后，孩子就会感觉到足够的安全，可以离开母亲去探索外面的世界。归属感促进了自主和掌控感的形成，而这正是自尊的基础。

鲍尔比让 14 个月大的婴儿与母亲一起来到实验室。实验室中有许多有趣的玩具，过了几分钟，母亲突然离开，将婴儿独自留下来，与陌生人在一起。实验者会记录在母亲离开后和回来与婴儿重聚时，婴儿的情绪变化和行为反应。

研究发现，婴儿对分离和重聚的反应可以分为四种类型。

第一种是安全型依恋，这种婴儿占 60% 左右，他们能够在与母亲的亲密与独立中保持平衡。当母亲离开时，他们尽管有压力，但仍然能探索环境；母亲回来后他们表现出与母亲的亲密互动，并愿意让母亲来参加他们的活动。

第二种是焦虑型依恋，约有 15% 的孩子属于这种类型。发现母亲离开后，他们大声哭叫，不能独立探索环境，非常紧张不安；母亲回来后，他们感觉舒服些，但仍然黏着母亲，不让母亲离开。

第三种是回避型依恋，占 25%。母亲离开后，他们好像无所谓，母亲回来后也没有表现出热情，没有与母亲进行许多交流。他们喜欢独自玩耍，他们回避与任何人亲近，而不是寻找安全和依恋。母亲回来后，他们对母亲也不亲，似乎有怨恨，但不表现出来。有研究指出，回避型婴儿的内心深处像焦虑型一样是紧张不安的，只是他们不表现出来。

第四种为恐惧型依恋，人数很少。当母亲回来后，恐惧型依恋孩子的行为表现为混乱，会出现：

（1）矛盾行为，即回避与抵抗策略混合。例如，母亲返回后，婴儿表现出先接近后回避的行为。

（2）不正确或不完整的动作。例如，在感到痛苦时，婴儿远离父母而非靠近父母。

（3）冻住（freezing）或静止，即不知所措，一片茫然。

（4）直接表达对父母的恐惧或困惑。

研究者指出，恐惧型依恋个体的依恋对象同时扮演安全基地和令人害怕的角色。例如，抚养者一方面精心照顾孩子吃喝，另一方面忽视儿童的情绪或对孩子的行为进行干涉、严厉的惩罚与指责。个体为了减轻恐惧，在依恋本能的驱使下矛盾地接近恐惧源，但恐惧注定无法缓解。

自尊可能与不同的依恋风格有关。回避型的儿童可能具备一定的掌控感和自主性，愿意探索环境，但缺乏归属感，他尊力量不足。他们压抑自己对别人的依恋和信任，如果条件具备，他们中的少数人容易发展成为虚假高自尊的类型。而焦虑型的儿童可能发展出了较强的归属感，但缺少掌控感，他尊力量有余而自尊不足，所以他们不能独立探索环境，容易形成过于依赖他人的低自尊类型。只有安全型依恋的儿童才会同时发展出很强的归属感和掌控感，形成积极人格。

这个理论得到了证明，研究发现，安全型依恋的婴儿，在学前阶段和青少年阶段表现出了更高的自尊水平和关系能力。

只有安全型的依恋风格形成了成长取向的力量，促进了亲社会动机和认知，改进了人际关系的质量。因此，安全型的依恋关系是极为重要的，它促进了个体的联结感和安全感，使个体更加自信地寻求他人支持，以作为应对危险的调控策略。

到了成年人阶段，就会发展出相对稳定的依恋系统，可以将依恋关系内化为不同的内部工作模型。所谓的内部工作模型是指个体形成了较为稳定的有关自我和他人的看法与评价，即形成了有关自我和他人的心理表征。

图 4-1 是从自我与他人的心理表征角度来解释依恋的内部工作模型。当一个人把自己和他人都加工成积极时，则形成安全型依恋。当对他人态度积极而对自我态度消极时，对于他人产生依赖，导致怀疑自我价值，于是担心自己不会得到爱，他人会抛弃自己，为焦虑型依恋。如果对自己的态度积极，对他人的态度消极、冷漠，缺少同情心，即是回避型依恋。对自己和他人的态度都是消极时，对于他人产生恐惧，对于自己产生自卑，相当于恐惧型依恋。

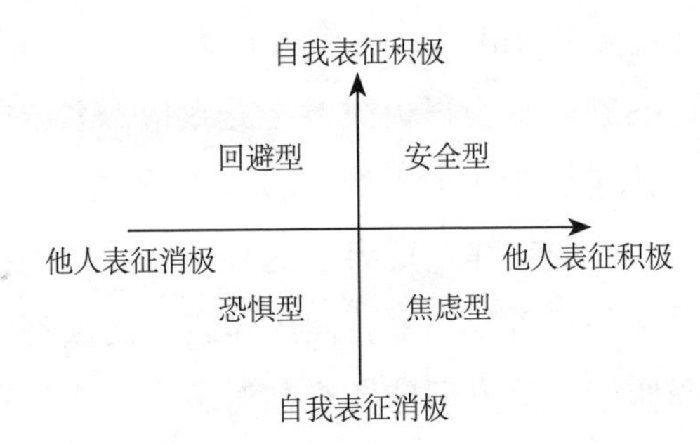

图 4-1　认知角度的成人依恋风格的内部工作模型

图 4-2 则进一步地说明了依恋的类型和情绪与行为的关系。依恋的工作模型可以从两种角度来分析。

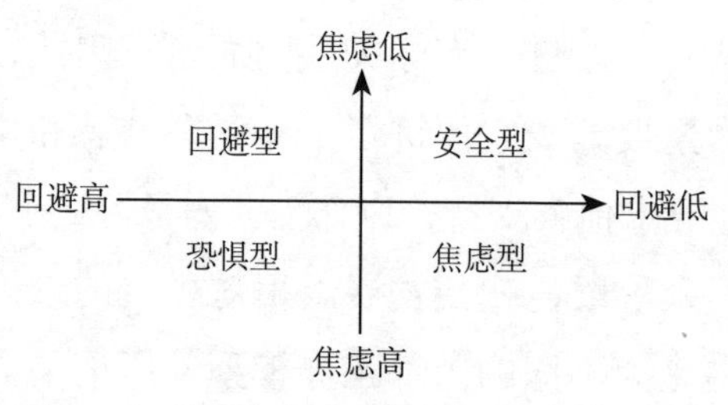

图 4-2　情绪与行为角度的内部工作模型

第一种是行为上的回避与接近程度，表明的是疏远还是接近。依恋回避反映了一个人不信任他人善良意愿的程度，他不相信别人，试图维系行为的独立性及与他人的情绪上的疏远。而回避水平低的人能够保持对他人的相信和依赖，试图与他人保持融合和合作，消除自己与他人的差异，具有求同的倾向。

第二种是依恋焦虑程度，指人际接触中一个人主观感觉上的焦虑水平。当一个人担心在自己需要对方时，对方可能不会帮助自己、支持自己时，就会感觉到焦虑。如果相信别人能够帮助自己，就不会焦虑。

米库尔林塞（Mikulincer）等人认为，当人们不能确定交往对象对自己的态度是否积极时，会导致依恋系统的启动。人们会下意识地思考：他人是合作的、可信赖的，还是危险的、有敌意的。一个人的交往预期会受这种依恋系统的指导，人们要确定依恋对象是否可及、是否回应。肯定的回答会使依恋安全的功能发挥作用，使人们信任交往对象，并产生有效的调节消极情绪的策略。这些策略会减轻情绪紧张，加强亲密关系。

有研究者让被试暴露在紧张环境中，如诱发火警信号，发现安全型的人会比不安全型的人更加不迟疑地寻求恋爱对象的支持，依赖亲密与舒适的关系，共同应对危险。对他人的信任引发个体的自主与主动。

心理学研究发现，一个具有安全感的人具有如下表现：

（1）在童年回忆方面。具有安全感的人回忆自己的父母时，是充满温情的、抚爱的和温暖亲切的；回避型的人对父母的回忆则是冷漠的、拒绝的、不可接近的；而焦虑型的人回忆父母时，觉得他们是不公正的。

（2）在对待自我方面。安全型的人具有较高的自尊和自信，认为其他人是值得信任的，是好心肠的，是助人为乐的，直到他们证明其他人不是这样好的，否则他们一直以诚待人；回避型的人认为，他人是可怀疑的，不诚实的，不值得信任，他们缺少信任感，尤其是在人际交往中；而焦虑型的人感觉到自己根本控制不了自己的生活，认为其他人是不可理解的，不可预测的，所以经常陷入人际交往的困惑中。

（3）在追求目标上。具有安全感的人追求与自己所爱的人的亲密关系，能够在依赖与独立之间找到平衡点；回避型的人与自己所爱的人保持距离，对于成就的重视超过对亲密感的重视，在爱情中，更为功利一些；而焦虑型的人依赖所爱的人，害怕被人拒绝，在所爱的人面前缺少自主性和独立性。

（4）在管理情绪方面。具有安全感的人承认自己的烦恼，并善于将烦恼的不快转向建设性地解决问题方面；而回避型的人从不向别人敞开心扉，他们掩饰自己的不快乐，也不表达自己的不满和愤怒；而焦虑型的人则会夸大或炫耀自己的痛苦和愤怒，当受到威胁后，他们郁郁寡欢，黯然失落。

第二部分

走出低自尊的自我脆弱

自尊作为自我状态和表现的显示器发挥着重要的作用，然而，这个显示器可能会发生故障，即不能准确地、有效地反映人的自我状态。

自尊最容易出现的故障就是将我们的实际表现拉低，产生负面偏差，即形成所谓的低自尊。绝大多数心理问题都与低自尊有关。

你经常在小事情上迟疑不决吗？你是否经常感觉到身边能力不如你的人却混得比你好？你经常不能坚持自己的观点吗？你经常不知道自己究竟要什么吗？你回顾过去，是否有许多本可以抓住的机会却因为你不够努力而丧失了？你经常感觉到精力不足吗？

这些问题本质上都是低自我评价的外在表现。低自尊的人的自我评价远远低于实际的表现，缺少自信和活力。他们不敢追求较高难度的目标，放大了生活中的不利方面。这些是第五章和第六章要回答的问题。

低自尊严重影响个体自我调节的成效，使个体不能利用自我的积极资源消化外力的影响，导致自我调节瘫痪，形成脆弱的自我。表现为缺少明确的意志和意愿。

自尊作为自我状态的调节器，主要有两大积极功能。

第一个是缓冲因环境的正负刺激造成的自尊波动（尤其是负

面刺激造成的情绪起伏），使人以较为平和与稳定的情绪来应对生活中的挫败与挫折。而调节的失效主要是指自尊的积极资源不足，自我缺少基本的意志，导致自我脆弱，非常容易受环境事件的影响，而产生剧烈波动。我们在第七章主要分析低自尊者的患得患失现象。

第二个是使自我保持稳定的活力，以生机勃勃的态度投入生活。生活中时常不好不坏，只是充满单调，需要人们通过投入积极的人际关系和发现乐趣来找到生命的意义，在平凡的生活中获得幸福。如何拥有充满活力的自我状态，这个涉及良好的人际关系问题，良好的人际关系使人产生无条件的自尊，保证了我们稳定的幸福和快乐。对应的调节器的失效表明活力的不足，调节能力不足的人缺少从良好人际关系中获得的无条件的自尊资源，过于强调通过成败来定义自我，所以，缺少稳定的活力。我们将在第八章中深入介绍这个问题。

严重的低自尊不仅导致活力缺乏，而且会引发自责与自虐，这是影响抑郁症的重要因素，我们将在第九章论述这个问题。

第五章 增加对自己的积极反映

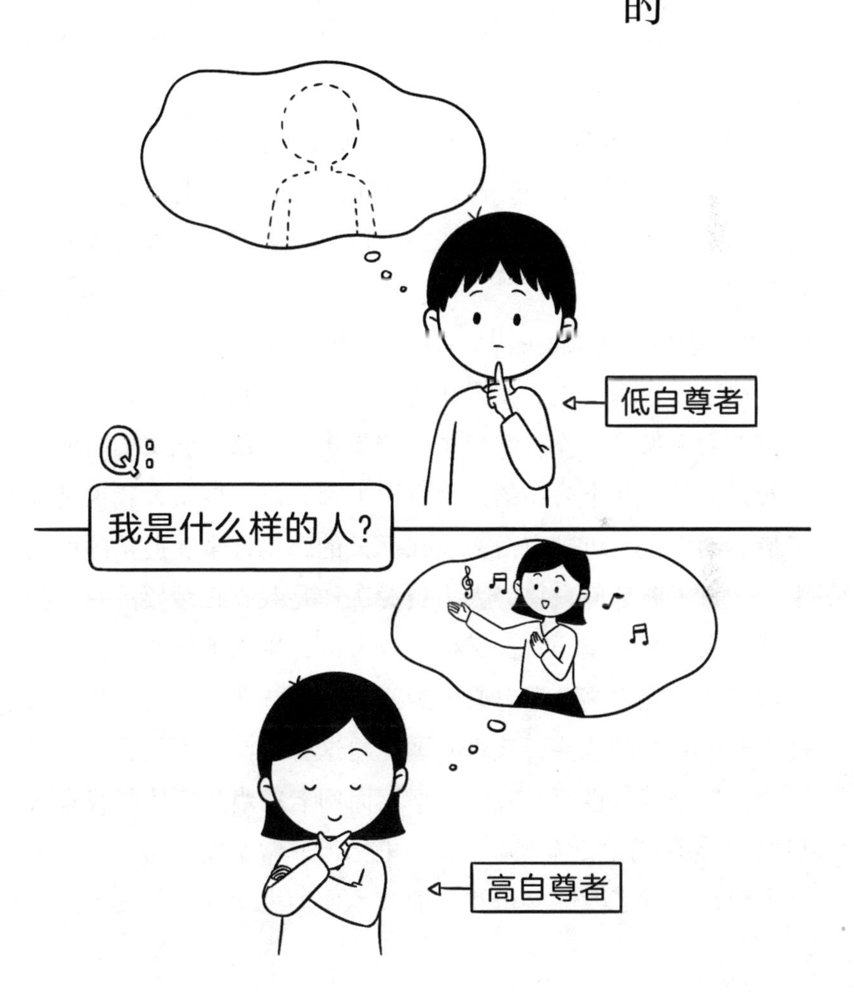

我给研究生开设的一门课程“积极心理学”，其中有一个活动是描述自己的优势。我发现这个活动简直就是对高自尊与低自尊的人的最好测试。

大约 1/3 的学生是高自尊者，他们刚一听说这个活动就眼光放亮了，好像这个活动是特意为他们量身定做似的。他们在介绍自己的优势时非常流畅，洋溢着自豪的情绪，而且讲述的事例非常生动和具体。

“我的优势是踢球，记得一次重要足球比赛中，我是前锋，就在门前 10 米左右，我倒下的瞬间，甚至自己也觉得不可能踢到球了，万万没有想到，就在那一刹那，我竟然把球给踢进了。”

“我是一个主意正的人，有自己的独立判断。本科毕业时，由于谈了一个男朋友，家人和男朋友都希望我去他所在的一个南方著名大城市工作，我投了一些简历，在那个城市不断地奔波着去面试。几个公司的人力资源部都有意向要我，我也进入了最后的面试。可是有一天我在面试的路上，坐在拥挤的地铁上，一直不断地问自己，人力资源工作是我真正想要的吗？我愿意坐在办公室里一直面试他人或者阅读别人的简历吗？这个城市房价如此之高，我有必要为高房价打一辈子工吗？我突然涌出一个强烈的念头，我真实地觉得这种生活并不是我真正想要的，这个城市也不是我的归宿。而回老家当教师才是我真正想要的，想到回家当教师，我心里觉得非常踏实。于是，我把这个想法告诉了我的父母和男朋友。他们表示理解与支持。刚好，家乡的一所著名大学正在招聘事业编的心理咨询老师，我准备了一个月，终于以第二名的成绩拿到了这个工作。那时，有100多人报名，我笔试是第一名。准备考试的那一个月，我精力充沛，专心致志。没有感觉到劳累。我为我保持自己的独立见解，做一回真正的自己感到自豪。”

相比之下，低自尊的人数更多一些。他们不至于讲不出来自己的优势，而是要迟疑一下，得想一想，好像在努力回忆一些事情。他们好像对于这项活动感到陌生和困惑，有个别的同学从活动一开始就有些紧张，在本子上写一些东西，然后又划掉。他们好像对于自己身上存在的优势不能立即提取出来，在描述自己的优势时，非常抽象，缺少细节和事例，也没有激情。好像在说别人的优势。

“我觉得我还是有些优点的。比如，我作文还不错，小学作文就经常是范文，中学语文考试，作文也经常满分。不过，我虽然作文不错，但数学总是学不好，高考数学分数非常低。我是典型的文科生，现在学高等数学就非常吃力。”

“你走题了，兄弟，现在是讲优势的时候。”另一位同学打断了他。

“让我讲自己的优势，我觉得很不好意思。给我的感觉有点像吹牛大赛。我想了半天，终于想起了一件事情。我好像比别人能吃苦。比如，为了写毕业论文，我今年寒假都没有回家。虽然一个人在宿舍，但我并不孤独，而是感觉很充实。我妈都说以我这种吃苦精神，将来一定有大出息。”

低自尊的人并不自卑

许多人把低自尊与自卑相提并论，其实两者有本质的不同。

自卑是一个临床的病态表现。自卑的人在人群中经常能被人一眼识别出来。

王军是一个初二学生，他父母从农村来到大城市打工，父亲在外面送快递，母亲在物业当清洁工，他和父母及妹妹全家四口租住在地下室的一间屋子中，没有厨房和卫生间。母亲经常责备父亲没有出息，对王军要求很严格。她经常对王军说："全家就指望你考大学改变命运了。"母亲尤其对王军的学习成绩的要求达到令人无法忍受的地步。王军只要考试成绩低于90分，就会受到责骂和惩罚，没有饭吃。王军内向胆小，从不敢反抗，内心深处虽然对母亲有怨恨，但看到母亲为了养家而辛苦地劳动，总觉得自己不能恨母亲，于是他把攻击指向了自己。从六年级开始，他出现了一个异常症状，每次被老师严厉批评，或者与母亲发生冲突，都会事后用铅笔扎自己的手臂。他还有社交恐惧症，不敢与人对视，尤其是女生或者老师，当众讲话时，经常会出现脸红和结巴的现象。

有一次我参加学术会议，与一位精神科医生讲起这一个案，没想到，他轻描淡写地对我说："我们科住院的儿童大多都有这个症状，都会发生自我伤害的行为。甚至有病人正吃着饭，就突然以迅雷不及掩耳之势用筷子捅向自己的嗓子。"

自卑的人通常进行自我贬低和自我批评，是一种与抑郁情绪有关的心理疾病，相当于病态低自尊。这种人对自己的看法和情感不是缺少积极，而是怨恨自己和攻击自己，具有自恨与自虐感，他们经常具有自动化的耻辱感和罪疚感。

低自尊与病态无关，它只是自我的一个状态。低自尊的本质不是消极，而是缺少积极。低自尊的人对自己的看法倾向保守，往往觉得自己优点和缺点一半对一半。他们对于自己的评价经常是不清楚的，不知道自己究竟是什么样的人。他们的心情时好时坏，受环境影响较大。

生活中总存在这样的一些人，他们的自我看法和自我评价明显低于自己实际的能力和行为表现。比如一个长相漂亮的人却总是自豪不起来，一个智商高的人却鲜有对自己学习成绩的自信，一个各方面能力都不错的人却缺少活力，一个取得成功的人却经常忧心忡忡。而反观另一些人，虽然长相平平却经常能展示自己，智力一般却勇于追求挑战与超越自我，能力平平却充满活力与热情，经常失败，却经常不缺少好心情。这个就与自尊有关。

总体上，高自尊带来的好处和低自尊带来的坏处一目了然。然而，并非永远如此。

自尊的高低只是我们对自己热爱与否的感觉，这种对于自我的热爱是否具有适应意义取决于具体的条件，也就是说，自尊作为自我调节的方式，是否有积极的作用，取决于我们在什么情况下使用它。

低自尊的人的自我形象较为模糊

在描述自己是一个什么样的人的时候，高自尊者有着相同的模式。了解他们相对简单，因为他们自然地就把自己描述成为一个具有优势和美好品质的人，肯定自己对于他们来说是一种天性。

与高自尊的人谈话时，他们经常分享自己的快乐或者是成功的经验，心理学把这种向他人讲述自己的快乐的经验叫作积极分享。你不知不觉地被他们的积极分享所感染，也会不由得讲述自己的美好事情。

高自尊的人描述自己的时候，对于自己是什么样的人较为清楚。经常以积极肯定的方式来谈论自己，而且爱使用一些肯定和强化的语气。如“我敢肯定这样做是没错的”“我就是这样想的”“我爱死某人某事了”“我真是太爽了，这么做真是太过瘾了”“让我重新来一遍，我还是这样做”“这么做真是值了，我太赚了”“这样的好事让我赶上了，我太幸运了”，等等。

他们对于自己是一个具有优点的人、一个好人这一点似乎从来就不怀疑，而且对于自己的积极评价是相对稳定的。无论面对什么人，他们都会做出自我肯定。比如，一个高自尊的教授无论面对学生和学院领导都能大方而真诚地描述自己的成绩。一个高自尊的家长无论是面对孩子还是面对领导都能把自己的成绩和美德自然地描述出来。

一个低自尊的人则没有这种稳定性。比如一个低自尊的教师可能在自己的研究生面前表现得自信，可以自豪地描述自己的学术成就，但是在学院的教授聘任会议上，就完全放不开。在这种应当大讲特讲自己成绩的时候，他反而讲不出来，或者觉得无从入手，事后又责备自己没有表现好。

高自尊者与他人交流时，一般不会轻易地讲自己的缺点，面对与好友的私下场合，他们通常也不会主动谈及自己的糗事，不会主动拿自己的缺点来调侃。他们并不是有意地在维护自己的正面形象，而是好像在天性上不愿意在日常生活中暴露或涉及令人不快乐的事情，他们对于谈论令人不开心的事情“敬谢不敏”。

他们有意无意地将话题转向有趣的、令人快乐的事情，而且谈话时通常会讲述事情的细节，兼顾故事性和情节性。他们描述事情总是以具体生动的方式来进行，很少进行抽象的评价，一般也不高谈阔论。

高自尊的人好像处于优势的心理位置，非常适合当领导。他们的果断、自我肯定，容易为他们赢得追随者。在竞选、面试、表演等需要表现的场合，他们表现得非常亮眼。

低自尊的人描述和评价自己的时候，非常不清晰。他们似乎难以找到积极的词汇来肯定自己。

他们谈论自己的特点的时候，更多使用中性的词，认为自己没有那么好，也没有那么坏。他们不会像高自尊者那样拔高式地评价自己，因为这样赤裸裸地赞美自己令他们非常不舒服。当然，他们也不会有意地贬低自己，因为这样做会令他人瞧不起自己。

总体上，他们似乎对于如何评价自己感觉有些困惑，好像不了解自己一样，对于自己是什么样的人不太清楚，对自己的特点和鲜明性也缺少肯定。他们经常说：“我也不清楚我到底是什么样的人，我虽然也有自己的态度，但很少有鲜明的立场。”

有一个低自尊的人对我说：“我有一个与其他人不一样的特点，在观看奥林匹克运动会之类的国际大赛时，我对于运动员比赛的结果没有自己的立场。周围的人看到中国选手与外国选手争第一名的时候，都紧张到不敢看，竟然上卫生间去了。我理解不了这种情绪。我也觉得应当站在祖国的立场来看比赛，可是我在情感上没有自己的立场，甚至有些变态，经常希望国外运动员赢。我不会像其他同学那样为中国运动员的赢而强烈欢呼。充其量也只是较为高兴。我好像没有自己的态度，不知道自己站在何方，我也不知道为什么有时不希望中国运动员赢。哦，你说是嫉妒吗？我为何嫉妒？好像有一点，我也无法确定。”

即使是讲到自己的优势时，低自尊的人也很少激动和自豪，他们描述优点时难以调动自己的感情，好像在谈论一件别人的事情，或者是理性抽象的事情。他们基本不使用“我简直太爽了，太过瘾了”之类的情感的词汇。评价自己的优点时，他们爱用“还行吧，不错，还可以”“这些事情也没有什么，也不过如此”“换个人也会这样做”之类的话。

也有专业人士指出，低自尊的人评价自己较为模糊，但在评价他人时没有这个特点。他们评价他人时较为肯定，而且带着鲜明的好恶态度。如“我肯定这个人不怀好意”，或者“他就是一个热情慷慨的人”。相对于评价自己，他们好像更加热衷于评价别人，尤其是对于他人的缺点的评价十分精准。相比之下，高自尊的人对于评价他人并不感兴趣，对他人的评价也非常不准，或不在行。

低自尊的人评价自己时，自相矛盾，前后缺少一致性，非常容易受环境的影响。一个受低自尊困扰的大学生来做心理咨询，他说："我是一个没有主见的人，一直不敢追女生。我发现，我同宿舍的四个同学都戴眼镜，而且都先后结交了女朋友，于是，我也花200元买了个平光镜。我觉得只有戴眼镜才显得有知识，才能吸引女生，女生一定喜欢戴眼镜的男生。"

其实，这个不戴眼镜的男生是同寝室中最帅气的小伙子。

在大学中，前来接受心理咨询服务的大学生，大多数并不具有严重的心理疾病症状，只是感觉学习和生活压力大，感觉生活空虚。他们缺少明确的目标，懒惰被动，学习效率低下，或者不爱学习，逃避艰苦的任务。他们缺少上进的动力和执行力，充满纠结。这些多少都与低自尊有关。

提到低自尊，很多人会想到自卑，以为低自尊者经常认为自己无价值，然而事实上并不是这样。绝大多数低自尊的人并没有产生绝望的情绪，做出自轻、自虐等行为，他们只是自我评价不那么积极，缺少自信和自爱。现实生活中，严重自卑的人并不多见，只有患有抑郁症的人才会变得十分自卑。低自尊的人并不是自暴自弃之人，他们在生活和工作中努力挣扎着，想成为一个优秀的人。只是他们不能成为生活的掌控者，只能随波逐流，被动地生活着。

可以说，低自尊的心理问题是由于缺少积极自我评价，而不是过于消极的自我评价。他们不能积极地肯定自我，不能积极地承诺和投入，不能像高自尊者那样自我夸张和自恋。高自尊者能够从有利于自身的乐观角度来解释事情的发生，低自尊的人缺少这种能力。

心理学家的科学研究也证明了低自尊和高自尊在自我评价方面的不同。

美国心理学家布朗让大学生对自己及他人的多种能力和人格特征进行评价[1]，评价的方面包括积极和消极品质，积极方面有擅长运动的、吸引人的、友好的、富有创造性的等，消极方面包括不胜任的、轻率的、虚假的、不吸引人的、动作不协调的等，然后比较高低自尊两组大学生的评价的差异。

测量发现，涉及对自己的评价时，高自尊的大学生得分比低自尊的要高不少。然而，布朗发现了一个有趣的现象，低自尊的大学生虽然不如高自尊的大学生那样给予自己较高评价，但从测验的绝对值来说，他们并不消极，他们的得分也都在平均值左右。这说明，他们在绝对意义上并不是消极的，或者是自卑的。总体上，他们对于自己的看法也偏向积极，但只是不如高自尊者那样非常积极，高自尊者对自己的评价远远高于平均值。

这个测验中最有意思的发现是，在对自己和对他人的评价的对比上，低自尊和高自尊水平的差异是最明显的。

涉及对别人的评价时，低自尊的大学生更为苛刻，他们比高自尊的大学生对别人的能力和人格特征打分更低，而高自尊的大学生对别人则具有相对较高的尊重，给别人打分也较高。也就是说高自尊者认为自己非常好，别人也不错。而低自尊者认为自己还可以，但别人较差。

这说明低自尊的人会试图通过贬损他人来弥补自己的不足感。低自尊的人爱看别人的笑话，爱看别人出丑。这一点不能归结为他们缺少同情心，而是表明，他们在运用贬低别人的策略来提升自己的自尊，这是他们提升自尊的方法。而自尊水平高的大学生根本就不需要这个策略。

在比较低自尊的大学生对自己和对他人的评价时，这个倾向更加明显。低自尊的大学生在 14 个积极品质上，平均在超过 8 个项目上对自己的评分比对他人的评分要高，而在 12 个消极品质的评价上，都是对其他人的消极水平的评分高，对自己消极水平的评分低，明显存在“我还行，别人非常不好”这种倾向。

比如，低自尊的大学生认为自己比大多数人更富有同情心，更为友好和忠诚，同时在消极品质上，自己也比其他人更少具有缺点，认为自己比别人更少轻率、更少愚笨和更少地不吸引人。而高自尊的人不存在这个倾向，他们明显存在“我很好，你也好”的评价。高自尊者认为自己与他人相差不大，都是一个具备很多优秀品质，有较少消极品质的人。

综上所述，低自尊的人对自己持有较为中性的态度，没有坚定的自我肯定和高度的自我热爱，他们对自己的态度较模糊，不觉得自己很差，也不觉得自己多么可爱。他们的自尊好像一张白纸，由一时的成功与失败而定，由别人是否接纳与喜欢自己而定。他们缺少明确的自我定向，缺少自主性和自发性。他们可以适应环境，正常地生活，但是总是缺少那么一些活力和精彩，因此看上去有些被动。

适当地自我夸大是高自尊的王道

高自尊者是主观主义者，他们戴着玫瑰色眼镜看待自己和世界。正如潘长江小品台词说的那样：“我整夜整夜地睡不着觉，我总是寻思再寻思，我咋就那么有才呢？”

我原以为只有退休的男人会没事聚在一起闲聊，每天固定在一个时间和地点，像上下班一样准时出现。其实，大妈们也会这样，只不过不那么多见。

我们楼下的大妈们就拉起了这样一支队伍。领头是岁数最大的张奶奶，她也是经常发起话题的人。张奶奶的主要话题有两个。一个是说自己有哪些好事，比如：孙女考上公务员了，自己去世多年的老伴生前对自己如何好，两口子从来没有红过脸；自己现在还在享受着老伴单位的生活保障，每月拿3000多元的抚恤费；等等。另外一个是谈论别人的事情，但是，她也很少说别人家的不好，只是描述与他人相处的记忆。在张奶奶的引领下，总体上，这个小团体是积极的。谈论的事情大多只是生活里的好事情，或者是不好也不坏的事情。

像张奶奶这样高自尊的人偏好拔高式地看待自己，他们形成了这样一种思维习惯。

众所周知，能够正确认识自己是心理健康的必要条件。人格心理学家奥尔波特（Allport）指出，对自己有一个公正、客观的态度是一种首要的品质，它是其他方面得以发展的基础。我国公认的心理健康的标准之一也是这样定义的：心理健康的人能够客观如实地认识和评价自我，了解自我。但是，什么是如实、客观地评价自我和认识自我呢？这是一个十分复杂的哲学问题。

我们基本可以反映外部的世界，如感知一个冰箱、一个房子，但是我们难以如实感知和评价自我。有研究发现，如实地看待自我的人，往往是低自尊和轻微抑郁的人。

黑兹利特（Hezlitt）认为，自我欺骗具有益处，生活就是欺骗的艺术。不了解真实自我的人活得更好。进化论者也普遍同意人类不仅会骗别人，还会自我欺骗。有些时候，一个人对于自己表演出来的真相似乎深信不疑。这样主观、失真似的看待自我正是高自尊者的心理状态。

高自尊的人经常不具有客观的自我评价，而是适当地夸大了自己的能力和美德。一些心理学的研究支持了这个结论，并称之为积极错觉。

美国1976年进行的一项有100万高中生参与的调查发现，70%的学生认为自己的领导能力处于中上水平，85%的学生认为自己的社交能力处于中上水平，60%的学生认为自己的运动能力处于中上水平，这根本就不符合实际的能力分布情况。

这一现象说明，有不少人对自己的评价是不真实的。至少20%的学生对自己的领导力的评价是不真实的，是夸大的，35%的学生对于自己的社交能力的评价是不真实的，10%的学生对自己的运动能力的评价是不真实的。这些人对自己有高估的倾向，自我评价高于实际表现。

卢因森（Lewinsohn）等人做了一个研究，让非抑郁倾向与有抑郁倾向的被试参与一系列的20分钟的团体讨论活动，每次讨论后要求被试填写包含17个项目的量表，以评价自己的社交能力。如认为自己的表现是否友好、热情和自信，是否受人喜欢与接纳等。（有抑郁倾向的人不是抑郁症病人，而是对自己的评价和现实的评价较悲观的人。）

在团体活动过程中，受过训练的研究助手通过单向玻璃观察这些人的互动，对他们的交往与沟通的表现进行打分，并将观察的得分与上述的自评量表的得分进行比较。研究发现，两组被试关于自己的行为表现的自我评价都高于研究助手的评价。但是，非抑郁倾向的人对自己的评价，相比于研究助手的评价会高出许多。

总体上，有抑郁倾向的人对自己在团体讨论中的表现的自我评价与研究助手的评价更加一致，也就是说他们的自我评价更加准确。但非抑郁倾向的人就会失真，他们大大地夸大了自己在团体活动中的表现和受接纳的程度。他们的自评远高于他评。他们没有认识到自己的不足。

这说明相比有抑郁倾向的人来说，非抑郁倾向的人经常高估自己的长处，对自己经常感觉良好，对自己的评价比别人的实际评价更加积极。当然，这种乐观偏差还不至于离谱，还没有完全脱离实际。

有抑郁倾向的人则谦虚或低调一些，虽然也认为自己表现不错，但接近他人的评价。看来，如实了解自我不是心理健康的必要条件，适当高估自我才是心理健康的王道。

成败皆我赢

成功与失败是我们一生中经常要面对的问题。对于成功与失败的解释影响着我们的心情，心理学把这种解释称为归因。什么是有利于幸福的归因呢？这个问题的回答取决于自尊的水平。

心理学中有一个概念，叫作自我服务偏差（self-serving bias），意思是说人们有一种将事情结果解释成有利于自己的倾向。偏见是指不顾及真实的情况而歪曲现实，不能准确地知觉现实。自我服务偏差是指不管现实的标准，而夸张地进行自我评价、对他人和自己的行为做出有利于个人的解释和判断。高自尊者一般具有自我服务偏差。

人们面对成功或失败，第一个要进行的是内部的或外部的归因：如果把行为结果解释为能力、人格特质或主观努力，则是内部归因；如果把结果解释为环境的因素，如天气、运气、他人等，则是外部归因。

大量研究发现，高低自尊的人在内外归因上具有差异。高自尊者经常对成功做内归因，面对失败则做出外归因。

高自尊的运动员通常把成功解释成自己的能力水平高、付出的努力多，而把失败的结果解释成运气不好。如一个高自尊的跳高运动员，在国际比赛没有进入前三名，面对记者采访，他说自己起跳时风较大，而且气温太低了，不利于准备活动。他把比赛失利归因于天气不好。

之前的国内选拔赛上，当他以明显优势夺得第一时，他激动地对记者说，比赛成功是由于自己在平时训练中非常努力，自己在训练中掌握了科学的方法，尤其是专门练习了起跑的步伐和腿部的爆发力。他把成功归结为自己的能力和努力。

在家庭中，夫妻中高自尊的一方经常认为自己对家庭的贡献更大，认为家庭有今天的好局面都是自己的功劳，而如果家庭出现争吵或不幸，则倾向于认为是外部的环境因素或他人的原因。

高自尊的学生在考试成功时，倾向于认为，考试试题真实地反映了自己的能力；考试失败时，会认为试题出得有问题，不能如实反映自己的能力水平。

问题在于，高自尊者真实地这样认为，他们这种自我服务的归因是自动化的，对于他们而言这是毫无疑问和天经地义的。

低自尊的人则刚好相反，他们倾向于对成功进行外归因的解释，对于失败进行内归因的解释。

一个低自尊的学生如果考试成功了，便倾向于认为是自己的运气好，这次是“瞎猫撞上了死耗子——蒙上了”，因此，他在高兴的同时，甚至可能有些焦虑。他可能对自己说，这次考试又不是期末考试，万一期末运气不好该怎么办？这种不利于自我的归因导致不幸福。

如果考试真的失败了，他则倾向于认为可能是自己的能力不够，努力不够，失败是必然的，下次要好好努力。他不会去要求查分，看一下是否老师有计分错误，更不会去抱怨教师出题不公，他在情感上和心理上很容易接受这个结果，不会产生愤怒和不公平感，而是觉得这没有什么意外的，自己可能就是一个没有努力或能力不够的人。

第二个是时间上的稳定与不稳定的归因，这种归因是对成败在时间维度上的解释，如把失败或成功看作暂时的还是永久的。

在这个方面，高自尊的人仍然倾向于对失败做出于自我有利的解释。比如一个高自尊的人如果考试成功后会倾向于认为："咸鱼翻身的时刻已经来临，从此我就要进入成绩好的第一阵营了，即将来临的期末考试，舍我其谁也？"

若考试失败了，这个人则会认为："这是暂时的，下一次我一定会考好。坏运不可能总是伴随我。"

相反，低自尊的人会把考试成功认为是暂时的，说不定下次就会考砸，所以不能放松，要继续努力，确保下次成功。而把考试失败看成是永久的，认为自己下次也不那么容易翻身。

第三个是普遍性与个别性的归因。高自尊的人会从自我中心的角度，夸大成功的普遍性，贬低失败的普遍性。

比如，高自尊的学生如果考试成功了，会欣喜若狂。他会由此联想到，自己不仅学习成绩好，而且在其他领域如运动、文艺和外貌都是一个优秀的人，自己就是一个才貌双全的人。而考试失利了，则不损害一般的自我概念。比如数学没有考好，他会认为只是几何部分没有考好，代数部分还算不错，下次几何部分加强复习就是了。如果数学整体都没有考好，他会认为自己的英语和语文成绩并不差，自己不是一个差劲的人。如果各个科目考试都失利了，他会认为自己长相不错，打球还不错。他能从有利于积极自我的角度来解释事情，所以不易产生抑郁情绪。

如果一个低自尊的学生考试失败，则会夸大失败的普遍性，比如数学没有考好，他会认为自己物理和化学可能也考不好了，因为这些科目都是有联系的，都涉及数量关系，都是理科。如果各科成绩不好，他会联想到自己长相也不好，人缘也不好，家庭条件也不好，别人会瞧不起自己。这种归因方式容易诱发抑郁情绪。

总体上，高自尊的人不仅具有锦上添花的能力，还能够苦中作乐。在成功时，他们采用自我提升的策略，而失败时则采取自我保护的策略。低自尊的人不仅身在福中不知福，而且具有“雪上加霜”的能力。他们面对失败，会采取自取其辱或自我贬损的应对方式。

高自尊者采取的这种有利于自我的归因方式，在外人看来可能是自欺欺人，甚至是不道德的。把失败归因于外部因素，成功归结于内部因素，这不是典型的厚脸皮吗？不是贪天功为己有吗？不是逃避与推诿吗？不是典型的以自我为中心吗？的确，高自尊的人在这个方面不能正视自己对失败的责任，所以有时表现得偏执与盲目。而相比之下，低自尊的人倒是显得谦虚平和。他们胜不骄，败则馁，做人一贯低调，失败后容易检讨自己的过失，从主观上认清自己的责任，有时，这种低调深受领导和周围人的接受与喜欢。

这仅仅是从人际和谐和道德标准上来评价行为，如果从幸福感的标准来评价行为，高自尊的归因应当更有利于幸福感，能够有效地预防抑郁症。

所以，高自尊在应对失败和挫折方面具有优势。失败已经发生，自责也无济于事，不如忘记或重新开始，而重新开始就要摆脱消极情绪的困扰和影响，外部归因有利于情绪的转变，以及促进心理灵活性。

另外，将成功归因于内部因素有利于自信和自我成长，有助于提升活力和积极能量，提升做事的积极性。而将失败看作是个人的能力和努力不足，则有可能损害整体的自我概念，令人陷入抑郁情绪。研究发现，抑郁症与低自尊具有密切的关系，抑郁症的归因方式与低自尊对失败的归因方式如出一辙。

控制的错觉

高自尊的人为什么不容易焦虑？主要原因在于他们具有较高的对环境的掌控感，认为自己能克服困难。

高自尊的人会高估自己控制环境的能力。尤其是在模糊的情况下，更加相信是自己在掌控着环境，自己是命运的主人。

詹金斯（Jenkins）等做了一个实验[1]，在某些情况下，被试按电钮灯就会亮，另一些情况下，被试按电钮则灯不会亮，然后让他们评估自己按亮灯的比率。无论是哪种情况，被试都倾向于高估自己对灯的控制。人们夸大自己的控制能力，这个现象被称为控制的错觉。

那么有抑郁倾向的人或不自信的人对于自己的控制能力会不会低估呢？阿洛伊（Lauren B. Alloy）等人做了一个实验[1]，让大学生被试做控制灯亮的实验，被试分为有抑郁倾向组与非抑郁组。

实验中，被试可以选择按键或不按键，但即使按键后灯也不一定会亮。当选择按键时，灯亮的概率为 75%；如果选择不按键，灯亮的概率为 50%、25% 或 0%。也就是说，你不动按钮时，灯也可能亮。要求被试评估自己按亮灯的控制力。

结果发现，非抑郁倾向的被试夸大了自己按亮灯的概率，而抑郁倾向的被试准确地评估了自己没有按亮的概率。也就是说，非抑郁的人对自己的控制力进行了夸大，而有抑郁倾向的人则准确地知觉到了自己不能控制的情况。

有抑郁倾向的人，在失败时对自己的评价更为客观，成功时也更加低调。而非抑郁的人在成功时产生强烈的自豪感，产生控制的错觉和全能的幻想；失败时，自我评价也更为主观，虽然控制率降低，但他们仍然认为自己有较高的掌控力。

接下来，非抑郁和有抑郁倾向的被试进行40次按键，把灯按亮了，就算赢了，被试会收到25美分，如果灯没有被按亮，则算输了，被试将失去25美分。按键结束后，让他们评价自己的按键活动与灯亮之间的关系。(其实，灯亮是随机的，与是否按压电键没有任何关系。)

研究发现，无论是有抑郁倾向还是非抑郁倾向的被试都会出现控制的错觉，即认为自己对于灯变亮有一些控制。有意思的是，在输的条件下，非抑郁被试对于自己控制灯亮能力的评价出现了低估，甚至低于抑郁者的评价。输了时，非抑郁的人认为在实验中有14%的灯是由于自己控制而不亮的，而有抑郁倾向的人认为有16%的灯是自己控制而不亮的。也就是说当结果不利时，抑郁的人更加倾向于认为是自己的控制导致灯不亮，愿意承担更多的责任。但差距不算大。

然而，在赢的情况下，结果非常有戏剧性。在赢了时，非抑郁的被试一下子变得非常自信，大大提升了对于自己的控制能力的评价，此时，他们认为 57% 的灯是自己按亮的，而有抑郁倾向的人则低调得多，认为自己按亮灯的概率为 26%。这说明，当结果有利时，非抑郁的普通人产生了极为强烈的积极的错觉，自我评价变得更为失真，出现了严重的自我膨胀感。

高自尊的人对失败不太敏感，而对成功和成就更加敏感，对于成功的喜悦有优先反映，他们戴着玫瑰色眼镜看世界。

而有抑郁倾向的人或低自尊的人在天性上对失败和损失更加敏感，对错误产生优先反映，他们戴着黑色眼镜看世界。即使现实证明了自己的高能力和成绩，他们仍然不太相信这一事实。

这说明，心理健康和幸福的人生可能与如实认识自我和评价自我无关，与失败时努力接纳，成功时极度自我膨胀有关。

孩子也是自己家的好

老王遇事易焦虑，对自己不自信。他非常喜欢养花，确切地说，他更爱买花。每每到了花市，他就很兴奋，每次都是满载而归。但是，只要把花种在地里，他就不管了，过不了几天，花开过了或谢了，他就不喜欢这些花了。还是觉得花市的花更好看。

他喜欢买的小物件和绘画也是这样，只要买来了，他就不再关心了，不再欣赏和把玩这些东西。他买的画总是布满了灰尘。在他这里什么东西一经拥有都会马上贬值。他也总觉得别人的儿子优点更多，别人妻子表现更好。老王对外人客气，对家人则很少有笑脸。

他的妻子完全相反，非常容易热爱上某一事物。比如，老王买来的花，她会精心照料，每天浇水、施肥、松土，时不时出去看一下花是不是蔫了，是否缺水。她虽然不爱买小物件，也没有时间去市场，但老王买回来的东西她都会非常爱惜。她经常整理这些小物件，把它们摆在适当的地方，经常欣赏这些东西，好像这些东西是她买来的一样。只要是她拥有的东西就好像增值了一样。她热爱家中的一切，总觉得儿子和丈夫是世界上优点最多的人，从不羡慕别人拥有的。

心理学研究发现，大部分人在日常生活中都会表现出乐观偏差。乐观的主流理论认为，乐观是一种气质，也叫气质乐观，或本能的乐观。乐观的人并不是在经过对现实的细致评估之后，或把未来的好坏可能性认真分析一遍后才做出的判断，而是一种相信明天好事多于坏事的直觉。

被赋予希望品质的人类，往往面对难以预测的未来而本能地相信明天一定会更好。心理学家让被试估计自己的未来和他人的未来，如果人们总是认为自己的未来比别人的未来更好，就说明他们对自己持有一种不切实际的乐观的看法。

研究发现，的确是这样，人们往往估计自己的未来要比别人的更好。

假设同样患了癌症，如果让被试估计自己能存活多长时间，而别人能存活多长时间，被试往往会高估自己的存活时间，但其实没有证据证明被试一定比别人活得更长。

大部分人认为，自己的孩子更加聪明、可爱，自己更有可能经历愉快的事情。而在评价消极事件时，大部分人认为他人比自己更有可能经历消极事件，如遭遇交通事故、出现健康或其他问题。

同时人们还有一种倾向，即非常乐观地看待亲朋好友的未来，而对一个陌生人的未来的评价则悲观得多。

心理学家还比较了非抑郁的与抑郁倾向的大学生对自己和他人未来经历积极与消极事件的可能性，发现非抑郁的大学生明显相信自己未来的好事会很多（得分为 18.31），别人未来的好事不如自己多（别人得分为 8.38）。

抑郁倾向的大学生刚好相反，认为自己未来经历积极事件的可能性不如别人高，自己经历好事的得分是 0.67，而他人经历好事的得分是 5.93。由此可见，抑郁倾向的大学生明显地夸大了别人的优势与运气，以损己利人的方式看待自己的未来，而非抑郁的大学生则以“损人利己”的方式看待未来。

也有人指出，低自尊的人在看待自己表现时，并没有夸大，相对准确和低调，但看待别人时则出现了夸大，他们戴着玫瑰色眼镜看待别人，什么都是别人的好，不仅儿子是别人的好，老婆也是别人的好，而轮到自己了什么都一般，还不算太好，儿子不算好，老婆不算好，他们还要更好才行。

乐观的人则夸大自己所拥有的，儿子和老婆都是自己的好。但是，他们对别人的未来和行为表现的评价较为客观与真实，认为别人的一切没有那么好。

看来，中国的俗语所说的“儿子是自己的好，老婆是别人的好”，并非完全正确。

对于乐观的人来说，什么都是自己的好，只要是自己拥有的东西就会升值；而对于低自尊的人来说，则统统都是别人的好，无论什么东西属于自己都会贬值。

不仅如此，高自尊的人还具有自我调节的能力，当经历一个不幸事件后，他们能进行有效的认知重评，即具有思维的灵活性，对事件的意义进行重新解释并相信自己的解释。

有研究发现，当一个高自尊的大学生如果没有被某个理想的学校录取，一年后会降低对这个大学的评价，他会对自己说："这个大学没有那么好，我现在读的大学也不错，能读这所大学也是很幸福和自豪的。"而一个低自尊的大学生刚好相反，如果没有被理想的大学录取，过了一年后反而会提高对该大学的评价，他会对自己说："这个大学没有录取我，说明这个大学很牛，分数高，而我现在读的这个大学的确很一般，从学风到基础设施比没录我的大学差远了。"

不爱冒险

一个人会经常遇到选择的困惑。假如某一个理财新产品是基金，不保本，有一定的风险，但根据现有和过往的项目评估，年收益率为 10% ~ 15%；而定期储蓄，年利率为 5%，但非常安全，肯定保本。要是你，你会如何选择？

低自尊的人一般会选择后者。他们不爱冒险，认为冒险的选择不仅有可能造成经济上的损失，更重要的是还会导致消极的痛苦情绪。如果在不确定但收益更大和确定但收益更小的决策中进行选择，他们更倾向于后者。

这其中不仅是经济损失问题，也有心理损失的问题。有研究者指出，低自尊的人所焦虑的并非经济损失，而是要避免错误的决定给自己造成糟糕的感受。这样保守的策略有利于维护不稳定的自我形象。

由于他们自我的积极资源少，在决策时，他们首先要确保不丢人现眼，不能赔钱了让人家笑话。看来，不丢人重要还是争光更重要，这是一个问题。

为了验证这一点，布莱恩等人做了一个实验[12]，他们让高低自尊水平不同的人进行冒险决策，一个收益高但不确定，另一个收益低但确定。在这个研究中，实验者改变了一个实验条件，他们告诉被试，无论被试选择了哪一个，都不会知道自己选择的结果是好还是坏。

一旦被试不知道别人选择的结果，被试就不能与别人进行比较。研究发现，在这种条件下，低自尊的人改变了，他们选择了冒险策略，不计后果，因为无论如何选择，成败都不影响他们的声誉与评价。当不涉及自我评价时，低自尊的人也变得胆子大了。

而高自尊者无论是否知道选择的结果，都会倾向于冒一定的险，选择收益多的项目。

低自尊者不妨适当地自我夸大

本章节的描述给我们以启示，要想克服低自尊，一味克服自卑的感觉是行不通的，奉劝人们战胜对失败的恐惧、克服对可怕后果的纠缠的恐惧没有击中要害。

积极心理学的一个最重要的观点是认为，人的积极心理品质与消极心理品质各自独立发挥作用。心理健康首先在于有效地满足自身的需求，但人的需要与动机是双重的。人类有两大基本动机。一个是追求快乐，获得收益，追求自我提升和自我实现的动机。它涉及趋近、联结、目标等行为，情绪的特点是幸福、快乐、自豪、热情、希望、渴求等，比如，如何挣更多的钱、如何赢得异性的喜欢、如何让别人喜欢和尊重自己等。它促使人们追求自己的目标，实现自己的理想。另一个是避免挫败、防止伤害，即防御性动机，如保命、保安全、防止被杀，节约、防止损失钱财，避免别人说自己的坏话等。它涉及回避、抑制、疏远、防御等行为，情绪特点是焦虑、恐惧、抑郁、愤怒等消极情绪。它们是两套不同功能的适应环境的心理系统。决定着战或逃。两者各自具有不同的适应功能，发挥着独特的作用。

因此，消极心理也是具有积极意义的，人的负性情绪不能被根除，人们只能减少无益的负性情绪。负性情绪的减少只是表明压力减少，但它本质上与积极情绪的增加无关，与如何获得快乐、追求目标是两回事。

抑郁症病人通过治疗，病情缓解，其负性情绪也只是从 -5 变成 0，但是如何从 0 变成 +5 取决于追求成功和幸福的动机，与行动系统有关（见图 5-1）。所以说，心理痛苦有其独特的规律，而幸福感也有其特殊的规律，并非负性情绪减少，就会自然导致积极情绪的增加。要想获得幸福，需要学习幸福的方法。

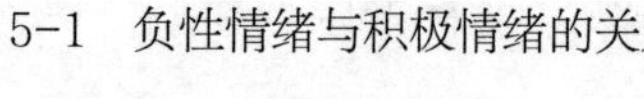

-5 -4 -3 -2 -1 0 +1 +2 +3 +4 +5

图 5-1　负性情绪与积极情绪的关系

高自尊者的心理生活主要聚焦于成功和追求幸福的过程，在努力做事情上投入更多的精力。而低自尊的人的精力聚焦于防御区，更加关注如何避免失败。因此，对于低自尊的人来说，要跳出整个动机的消极框架来对待人生，要从保守、防御的关注中出来，更加关注追求、抗争、享受的过程。一个可行的方法是调动积极资源。把主要精力放在如何树立人生的目标、编织人生的梦想上，并将所有精力和热情投入这个梦想，去憧憬和实现人生梦想。

为此，我们建议低自尊的人经常练习如何聚焦于积极的自我。具体可以从以下方面做起：

（1）你的最佳自我是什么。

回忆过去，你的最佳时刻和最佳状态是什么？那时的体验是什么？出现的条件是什么？如何可以创造条件，重新体验最佳时刻和最佳状态？

（2）反省自己内心的基本需要是什么。

自己的梦想是什么？做什么有利于实现自己的梦想？

你不妨经常思考：如果人生可以重来，什么事情是自己必须做的？什么样的人是自己最希望成为的那个人？为了成为这

样的人，自己可以做什么？

或者想象三年后，你重新坐在了这里，你最希望自己有哪些改变？你希望附加在自己身上的有什么品质？在满足成就、能力、人际关系、审美等各种需要方面，自己能取得什么样的进展和收益？

（3）假定你不考虑个人的虚荣了，不在乎别人的评价和父母的意见了，你最想做的是什么？

如果不为了个人的荣誉，你自由选择的最有价值的事情是什么？做什么是你必定的人生之命运？什么是你的宿命和终极目标？

这些都是你自己才能回答的问题。

（4）想象假如你的梦想实现了，会是什么样子的。

你的人生会有哪些改变？为了实现自己的梦想，你今天可以做什么？这个星期或这个月可以做什么？

研究发现，低自尊的人出于对自我形象的保护，经常不是把目标定得过高，就是定得过低。过高的目标反正也不会去实现，只是想一想，没有任何行动的风险，所以，不会引起焦虑。而过低的目标稳保实现，也肯定损害不了自我形象。这种目标定位可以保护面子。

而高自尊的人则经常给自己定一个既高于自己现有水平的又可能实现的目标。

目标是高于现有水平的，它就是新异的、从来没有做过的，对个人来说，是一种全新的体验和冒险，是充满不确定的、充满风险的和挑战性的，令人激动和向往。但同时它又是努力或勇敢一下就触手可及的，不是鞭长莫及的。这个即是中等难度的目标，是跳一跳够得着的目标。俗话说，吃跳起来够得着的葡萄。高自尊的人不自觉地这么做，是因为他们具有自我效能感和掌控感。

看来，拿破仑的名言“不想当将军的士兵不是好士兵”是成功学的忽悠，是望梅止渴式的欺骗，心理健康的人不会轻易上这个当。心理健康者的格言可能定位更加实际，体现为“不想当班长的士兵不是好士兵，不想当工头的工人不是好工人”。

（5）如果你不缺钱了，你想做什么？

如果你中奖5个亿，你将做出什么样的生活改变？

（6）品味生活。

品味是指沉醉于当下的体验，充分享受当下体验之美好。设想在烈日炎炎的高温夏日，你打开冰箱，拿出冷藏的雪碧，杯子里泛着泡沫，你喝下一口，细细体验酸甜而冰凉的感觉，你是多么惬意。

品味就是努力将对当下美好的事物的感觉放大、保存，专念于当下感觉之美好。品味时，人们忘记了对事物的评价，而专注于感觉之中，同时，因为注意力集中于当下的感觉，所以人们也忽略了过去和未来。专注于一件事情的人更加幸福。有心理学家做过一个研究。他们让大学生完成A卷，然后休息15分钟，等待接下来的B卷。休息时主试会提醒他们，可自愿选择将刚做完的卷子送到主楼，来回刚好用15分钟。自然，只有个别人选择了送卷子。15分钟过去后，研究者宣布B卷取消，改做一份幸福感的问卷。结果发现，选择送卷子的人幸福感更高。因为他们在休息的15分钟里，专注于送卷子，别无杂念，而选择在原地休息的人则难免会想到刚做过的卷子是否有错，或者接下来的卷子可能是什么样的。

焦虑的人因为缺少安全感而重视占有，总匆匆赶路而忘记了欣赏风景，比如他们旅游时看到了美景就赶紧照相，之后就会想下一个景点可能会更好，别错过了时间。而一个低自尊的人旅游时，可能会想到："我真优越，欣赏了这么多美丽的风景，这是我来到的第几个国家来着，可能是第15个，不对，是第16个。"他会不自觉地联想到自己的优越感，以及回去如何和别人显摆。上述心态都会妨碍我们去品味生活的当下感觉，妨碍我们体验生活的美好。

今后，吃到了好东西，一定要放慢一点速度，细细品味美食；看见了美景一定要多停留一会儿，细细品味景致；见到一轮明月，一定要驻足一会儿，充分体验柳枝间明月的美丽；来到海边，一定要慢慢深呼吸，充分体验大海的空气的清新。

你最近经历的品味：

（7）回忆美好经验。

对于低自尊的人来说，由于积极的自我资源不足，所以他们对于错误和损失具有优先反映，经常出现后悔、自责等消极的回忆。为此，我们建议，要学会回忆生活中的美好的事，有选择地去想象经历过的美好事物。入眠之前，诱导自己去回忆过去的成功或美的经历，回忆令自己感动的事物。

积极心理学提出一种有利于幸福的技术，要求人们每天记录三件好事。好事不分大小，只要是有意义的、让人欣慰的就可以。比如所见的美景、利他的事物和正义的行为。笔者昨晚去奥森公园散步，忽然发现一团云中隐约露出来了一轮满月。白云缠绕着明月，月亮羞答答地时隐时现，我驻足在路边，透过松树的枝条窥视着明月，美妙的感觉油然而生。这是我生平看见过的最美丽明亮的月亮，我品味着这个美好的时刻，同时在回家后记下自己的感受。

只有坚持记好心情日记，才能取得效果。坚持记好心情日记，你的注意力就会下意识地转移到对生活积极事件的关注上，你渐渐地就会学会感受幸福。

你的三件好事：

第六章 打破自我评价的负面偏差

如果你能做的低于你想要做的，我要警告你，你会后悔。

——马斯洛

王娟的前男友高磊在学习、体育方面都非常优秀，是一个明星式的人物。高磊对王娟可以说是一见钟情。他拒绝了众多爱慕者，只对王娟情有独钟。高磊非常崇拜王娟，交往过程中总是夸王娟，在他眼中，王娟简直就是天使，完美无缺。然而，王娟恰恰不喜欢对方赞美和表扬自己。王娟觉得高磊根本不了解自己，说话过于浮夸，把自己捧得那么高，有些不真实。王娟认为自己没有那么好，高磊了解真实的自己后，一定会很失望。王娟觉得与一个天天夸自己的男生交往压力很大，最终和高磊提了分手。

但分手后，王娟又觉得错过了一个这么优秀的男生很后悔，长期处于情绪低落的状态。直到后来，她接触了一个体育学院的男生张明。张明在外表、学业和家庭等各个方面都远不如高磊，而且在谈恋爱过程中，说话随便，口无遮拦，经常批评王娟，拿她的缺点开玩笑。但王娟却感觉这个男生真诚，更加了解自己，与其交往更加轻松，无压力。可是，王娟又觉得张明不求上进，天天玩游戏，虽然与他在一起很有趣，但是，想到他的不成熟、冲动，没有理想和追求，非常烦恼。她认为张明不能给自己带来安全感，不知今后该如何与他处下去。

王娟面对的并不是如何选择男朋友的问题，而是自己的低自尊问题。

自我提升还是自我一致

低自尊这一概念通常用来描述那些自我评价严重脱离自身的实际表现，低估自己的价值的人。这种人不相信自己是一个有价值的人，一个有能力和可爱的人。

早期的有关自尊的研究认为，低自尊的人是彻头彻尾的对自己持有负面看法的人，这种人似乎有自虐倾向。比如，有一个著名的研究认为，低自尊的人更加喜欢来自他人的批评，而不是表扬与肯定。在社会交往中，他们相对喜欢批评自己的人，而不喜欢表扬自己的人。这个研究结论确实有一定的道理，比如，低自尊的人的确在被批评后表现出接受和虚心的态度，他们听到批评后虽然不舒服，但是经常不为自己辩解和开脱，似乎觉得批评是中肯的、对自己有利的。相比高自尊的人，他们宁愿接受“良药苦口利于病”这样的信念。而高自尊的人通常对于批评有一种本能的抗拒，经常为自己的错误辩解或者是反抗。

也有人用亲子关系的内化来解释这种现象。如有人发现，如果一个男孩子经常受到母亲的批评，长大后也倾向于找一个经常批评自己的人做女友，一个经常受到父母批评的人，会更愿意找一个经常批评自己的人当研究生导师或老板。

不过，这个结论是反常识的，令人费解。哪有受到批评后却感觉良好，而受到表扬却感觉不好的人呢？这不是一种反人性的自虐吗？没有人被批评后却感觉良好，所有人都是在被表扬后感觉良好。

有一些社会心理学家用认知失调理论来解释上述现象，认为低自尊的人一贯深信自己是一个不好的、无价值的人，因此，来自他人的批评符合这种自我评价，所以被加工为真实的。而来自他人的表扬并不符合主观的自我预期，所以受到表扬会引起他们的认知失调。他们倾向于认为他人的表扬是虚假的，不是真诚的，认为表扬不符合事实。

这种解释貌似合理，可是并不符合人类的情感与动机。人的根本动机是追求积极向上的力量，在情感水平上，每个人都会爱听表扬之词，而不爱听批评。

新近的自尊研究揭开了这个矛盾之谜。原来人们有两套不同的动机系统，两者都可以影响人的行为与感受。

第一个是自我提升（self-enhancement）的动机。这个动机是指一个人需要维护自己的良好形象，渴望自己能力上的进步、事业的成功或受他人喜爱与接纳的动机。任何人只要能力上有进步、工作有成就、受到他人的接纳，就会产生好感觉，就会出现积极情绪，如喜悦、欣喜、快乐等。这是普遍的人性。

成功后感觉更好是大脑进化的一个自动化功能，否则，人们就不会追求成功了。这个动机发生在真实的情感层面上。无论一个人是低自尊还是高自尊，在追求自我力量的提升方面是一模一样的。也就是说，当成功或受到他人接纳时，人们都会产生满足与喜悦，而失败或受到批评后都会感到不高兴。这种情绪反应是不受意识控制的、无意识的。自我提升是人的核心情感，是某种本能。

然而，人是理性的动物，人类在后天的成长过程中，还因为他人评价或自我评价而产生了第二个动机，这就是自我一致性（self-consistency）的动机，也叫自我期望的动机。这个动机是指人们维护现有的自我概念的动机，其功能是使自我概念具有稳定性和一致性，保持自我概念的不变性。

自我一致性动机使人能预测并控制重要的生活事件，行动更加有效。我们知道，一个自我感觉和自我评价不稳定的人是不可能适应环境的。比如，一个人昨天是喜欢金钱的物质主义者，一觉醒来后，变成了鄙视金钱的道德主义者；一个人前天是外向的和爱交朋友的，今天变成了内向的，喜欢独处的。这样的矛盾不仅导致自我的混乱，而且也会受到他人的鄙视。因此，人的自我概念需要前后一致的稳定性，这种稳定性在认知上表现为自我期望。比如，一个人只有相信自己是一个打篮球的料，他才会积极去球场，具有练球的动力。一个人只有坚信自己具有搞学术研究的专业素质，才会愿意去钻研。一个人只有坚信自己是一个具有赚钱能力的人，才会去经商。如果没有期望，价值就不会实现。

这种自我期望体现为自我应验效应，如一个想买白色汽车的人就会注意到大街上都是白色的车。一个人相信自己具有数学才能，就果真在数学方面更加用功并可能发展得更好。任何打乱这种自我评价一致性的力量都会被认为是威胁。

这两套动机系统在高自尊者身上，是一致的。高自尊者在内心深处的情感上渴望自我提升，渴望成功，对自己的期望也是自信的，他们相信自己具有实现个人价值的能力。他们不仅行动上争强好胜，也觉得自己应当争强好胜，认为自己就是一个表里如一的、彻头彻尾的这样的人。所以，他们制定有一定难度的目标，寻求实现目标的途径，着手眼前的行动。

在低自尊者身上，自我提升的动机和自我一致性的动机是冲突的。在情感层面，低自尊者与常人一样也会赋予成功以积极价值，他们深深地渴望成功，渴望掌声和表扬，成功后也会激动与兴奋。同时，他们也赋予失败以消极价值，失败后会感觉不好。但是，在自我期望和自我评价方面，他们深深感觉到自己是无能为力的，是实现不了抱负的，是不具备解决问题的能力和掌控环境的能力的，他们认为自己的缺点往往比优点更多，劣势比优势更多，认为自己通常是不受他人喜欢和接纳的。

在低自尊者那里，自我提升的动机与能力的自我贬低构成了矛盾。一方面，他们处事低调，不那么自我肯定，甚至经常表现出自我怀疑，不相信别人的表扬。另一方面，他们内心深处又必然表现出争强好胜的力量，对于事情的成败具有敏感性。他们非常关注事情成败的结果。他们在动机与需求的表达和实现方面似乎表现出矛盾性，这种表面的谦卑与内心的好强形成强烈反差，甚至产生相反的张力。

低自尊者内心中出现的这种表里不一的矛盾与冲突，令他们不能有效地实现自己的内心抱负，这种冲突令其在追求满足需要的过程中白白损耗大量的心理能量，产生过多的精神内耗。

约拿情结

“约拿情结”（Jonah complex）是美国著名心理学家马斯洛提出的一个心理学名词。约拿是《圣经》中的一个人物。他在完成了神托付的一件大使命以后，把自己隐藏起来，不让人纪念他，觉得自己名不副实；他认为自己做的工作是不得已的，是蒙了神的大恩才完成的，把众人的目光引到神那里去。

在马斯洛看来，“约拿情结”就是对成长的恐惧，具有“约拿情结”的人一方面害怕失败，同时也害怕成功。这种人在机遇面前具有自我逃避、退后畏缩的心理，导致他们不敢去做最好的自己，逃避发掘自己最大潜能的机会。

约拿情结体现了两种相反力量的纠结与冲突。一方面，这种人表现出来对于自身杰出的畏惧或者是躲开自己的最佳才华。比如，某人明明有高超的科研能力，却不相信自己能顺利得到博士学位；明明才貌双全，却不相信优秀的异性能爱上自己。另一方面，在内心深处，这种人对于自己所回避或者恐惧的最佳状态和最佳才华却又非常羡慕和推崇。他们羡慕成功的人，羡慕找到彼此的情侣。但是，唯独对于自己有能力、有资格得到这些美好的东西，持有怀疑的态度，认为自己不可能得到这些如此卓越的东西，即使是跳起来也够不着。他们面对自己一直渴望的荣誉、成功、幸福等美好的事物，却浮现出“我配不上”的想法，最终把到手的机会放弃了。约拿情结描述的是冲突与矛盾的心理，是对最高成功、对神一样的伟大可能既追崇又害怕的冲突。

人们渴望成功，但当成功在眼前时却转身离去。人们转身离去，却对成功充满无限的渴望，嫌弃自己的一事无成。人们既害怕自己的最低状态，又害怕自己的最高状态。不仅躲避低谷，也躲避高峰。

用自我提升和自我一致的动机冲突可以解释约拿情结。渴望成功、羡慕优秀的他人体现了自我提升，是人人都有追求进步和潜能实现的动机。害怕自己的才华、不相信自己的卓越和潜能，则是低自尊者成长过程中的不利环境所导致的特有的自我概念和自我评价。

不少人内心都深藏着“约拿情结”。心理学家们分析，这是因为在我们小时候，由于本身条件的限制和不成熟，心中容易产生“我不行”“我办不到”等消极的念头。如果周围环境没有提供足够的安全感供自己成长的话，这些念头会一直伴随着我们。尤其是当成功机会降临的时候，这些心理表现得尤为明显。因为要抓住成功的机会，就意味着要付出艰苦的努力，要面对许多无法预料的变化，并承担可能失败的风险。

运用自我保护的方式来提升自己

自我提升的动机促使人们在成功时感觉良好，肯定自己。它可以分为两个过程。一个是尽量努力地提升自我，满足自己的需要，努力保证成功。另一个是努力排除对自我的威胁，防止自我提升的失败。后者又可称为自我保护的动机。高自尊的人通常采取直接提升自我的策略，而低自尊的人则通常采取自我保护的策略。应当承认，两者都具有适应性，因地制宜地发挥着作用。

有些情况下，譬如事情成功的可能性很大，或者条件是中性的，成功与否更加取决于人的努力程度，高自尊者会表现得更加自信、感觉良好，他们会为自己设定一个较高的冒险目标，一旦成功，收益很大。

然而，如果情况不利，胜算很低，低自尊者的保守策略则会更具有适应性。因为制定的目标较低，容易实现，失败的可能就小，而且事先定了保守的目标，失败后挫折感也较小。

低自尊者的问题在于，他们经常不会根据现实环境因地制宜地设置灵活的目标。有时明明环境对他们有利，他们仍然出于不自信或是保守策略，而选择了较低的、容易实现的目标，或者回避那些价值较高、自己非常渴望的目标。这样即使实现了目标，规避了失败，也价值不大，产生不了自豪与荣耀。

小李和小张读硕士研究生时是同宿舍的同学，两人关系不错。小李来自中产家庭，其学术能力和造诣在整个年级中属于佼佼者，他也经常能感觉到自己的学术能力带来的良好感觉。由于不太相信自己能完成博士论文，小李拒绝了导师的邀请，没有报考博士研究生，毕业后去了一家公司从事策划与营销工作。20 年过去了，他虽然升为公司的高管，但公司由于不能适应市场竞争而止步不前，他随时面临着失业的风险。他经常为没有实现自己的学术抱负而后悔，他觉得整天忙碌的具体事务工作并不能带来潜能的实现，而自由的学术生活才是自己的真实需要。他为自己定了一个较低的目标——赚钱，这是一个非常有诱惑力的道路，可以产生即时的满足，但是从更加长远的人生规划来说，这个目标有些低了。

小张当初学术天赋不如小李，他出身贫穷家庭，但出于高自尊而有着较远大的学术抱负，毕业时毫不动摇地报考了博士，后来留校任教。多年过去了，小张评上了教授，担任博士生导师，成为学术领域的优秀人才和国内有影响的知名专家。他不仅从事着自己热爱的专业，而且名利双收，成就远远高于小李。两个人不同的人生道路取决于人生目标的制定，而影响目标制定的恰恰是自尊水平。

不清楚自己要什么

高自尊的人了解自己真正追求的目标是什么，对于自己想要的生活具有清晰的认识。他们在追求人生目标的过程中较为自信，一般不太在意别人的态度和评价，活得较为真实。

低自尊者经常无视个体内部的真实的情感需要，他们不了解真实的自己，不了解自己的真实需要。

比如，电影《穿普拉达的女王》中，女主角大学毕业来到顶尖时尚杂志社工作。为了谋得第一助理的职位，她不惜违背自己做人的原则，排挤他人。成功之后，她开始嫌弃自己的恋人，与有钱有势的人谈恋爱。等她真正当了杂志社主编的第一助理，目睹了时尚界的尔虞我诈后，终于意识到，进入追求成功与荣誉的时尚界不是自己真正想要的生活，最终放弃了通过打拼才到手的这一切，回到了前男友与自己的小家，选择了简单的生活。这种探索自我的过程使她付出了惨痛的代价，虽然最终收获了成长与成熟，但是，毕竟消耗了时间和精力。

一个能将自己各种需要整合起来的人，或者早就去选择这样一种简单的生活方式，因为他知道浮华与虚伪不是自己所要的，或者适应了时尚杂志社中这种竞争与残酷的生活方式，因为富贵荣华正是他所需要的。

多年前，硕士和博士相对来说是很容易找到工作的。但是，我发现，即使是那时，到了毕业季，也总有个别的学生并不积极找工作。他们不是被动地等家长或导师给自己介绍工作，就是消极地等待有单位主动联系自己。他们冷漠、被动。我觉得，主要原因在于，他们不知道自己毕业后究竟要做什么。

易受别人的影响

人人都会时而听取别人意见而做出某一个选择，然而，低自尊者在听取他人的意见方面好像很特别。有时，他们内心明明有自己的想法，却经人说服，而做出与内心感觉相反的选择。比如，经亲属劝说，选择了一个自己不喜欢的职业，或听从父母的意见，选择和一个自己不爱的人结婚。

王晶在北京开一个小公司，2006 年的时候就想买房。他内心的一个强烈而真实的感觉是要有一个属于自己的家。他手里攒了几十万，足够付首付的了。可一次与老同学吃饭时，一位多年从事经济学研究的老同学说，房子还能降，现在房价与收入比太高了，于是，他放弃了买房。过了两年，他又想买房，而且正值奥运会召开之际，房价刚好下跌。但他听经商的同行说，过了奥运之年，要出现经济危机，手里要握有现金才安全，结果又没有买成房。后来，他眼见房价火箭式地上涨，于是看中了近郊的一个大户型房子，又听网友说，这个房子的供地原来是一个垃圾场，有地下水污染。于是，他又果断放弃。其实，这个项目的自来水走市政管网，根本不会用到地下水。就这样，直到 2016 年他才终于买了房子，可此时，房价已经比当初上涨了 10 倍。

低自尊的人不能坚守初心，经常被他人的观点所左右。

小芳毕业后来到一家著名大公司做秘书，收入不低，令人羡慕，家长也很满意。但工作两年后，她出现严重的心理问题，表现为上班恐惧，上班的路上有时呕吐、出汗，工作效率变低。领导要提拔她时，她却想到了辞职，经过心理分析终于发现了她心理疾病的原因，原来，她一直喜欢艺术，想当教师，但出于周围人的看法、家长的压力和家庭责任，选择了自己不喜欢的职业。当秘书要与人打交道，还要做大量文书与行政的工作，这都是她所不喜欢的，她内心的真实感觉是不想做这份工作。可周围的人见到她都向她说，这份工作多有面子，收入有多高等，使她一直不能正视自己内心真实的需要。为了周围的人的态度，她一直压抑与勉强自己，到最后终于挺不住了，产生了心理疾病。

面子与利益哪一个重要

高自尊的人对于利益往往采取实事求是的态度，必要时，可以有效地维护自己的利益。这样做有利于心理健康。

比如公司分配年终奖，如果感觉到分配不公，高自尊的人可能会与有关领导直接交流意见，或者在大会上公开表示自己的不满意。他一般不会考虑，如果公开争取奖金，其他人会怎么评价自己。

而低自尊的人在涉及利益时，情感卷入过多。一方面，他们把利益看得很重要；另一方面，他们又觉得不应该追求物质利益，应当重视自己的积极形象。

其实，高低自尊的人自私程度和道德水平并无差别，在追求物质利益方面和厌恶利益损失方面，他们的感受是一样的。低自尊者的特点在于不承认自己是一个追求利益的人，小时候父母就经常告诉他们，吃亏是福，做人要厚道，为了利益与他人公开争吵是一件可耻的事情。然而，外表的镇定不代表内心的平静，面对利益损失，经常压抑自己的情绪表达，会导致他们的愤怒程度和失落程度远远高于高自尊者。

有研究指出，低自尊的人遇到有关利益的事件，内心自我卷入更多，更易感到紧张与焦虑，一点点微小的利益都能激起他们情感上的惊涛骇浪。比如，哪怕是优秀员工的评比，他们也会如临大敌，好像分几百万家产一样紧张。低自尊的人对肯定的结果更加关注，更加担心需要满足的落空，更加需要借助成功来提升自我。

高自尊者正视自己的需要并有效地满足它，反而不会那么紧张。

低自尊的冲突妨碍执行力

表里不一会导致心理能量消耗在自我分析与评价上，使一个人失去许多机会。

高自尊的人目标明确，行动有效，勇于承诺，而效率的提升进一步地促进了自我肯定，导致目标更加明确和效率进一步的提高，形成良性循环。

反观低自尊的人，自我提升与自我评价这两个需要产生大量的冲突，妨碍目标的实现。由于冲突，低自尊者开始将精力转向自我，像一个回旋镖，转了一圈又返回到自己的方向。冲突的人经常不得不进行自我反省："我这是怎么了？这么简单的事情，我为什么这么拿不定主意？为什么我的效率这么低？为什么痛苦的人总是我？"

对于低自尊者来说，这些自我反省并不能带来益处，而是原地循环式焦虑和内耗。这些无效的内省反过来加重了他们内心的内疚与痛苦。"我如此无能，如此软弱，如此缺少意志力和主动性"，这种自责使行动的效率更低，容易诱发抑郁情绪。低自尊与抑郁情绪是孪生兄妹。

"乐中作苦"

俗话说，没有吃不了的苦，只有享不了的福。这句话的意思一般是说，遇到逆境时，人们可以团结一心，共渡难关，但是顺利了，人们就会因为利益分配而争吵。

从心理学上看，可能是说，人们面临压力时会努力应对，具有斗志，而问题解决了，面对平淡的生活，一些人反而觉得乏味，缺少了生命的目标。如同一个将军，可能会觉得战争年代的生活具有丰富的意义，而和平年代的生活平淡无奇。

从自尊的角度，我们也可以解说这种现象。自我提升和自我评价冲突的人，对于自己的成就或成功的看法也是充满矛盾的。一方面，在情感上，他们对于自己的成就会高兴、自豪；另一方面，成就也可能被他当作是一种心理负担，造成不必要的压力。

张帅上高中后，想当班长。选举班干部时，他非常紧张，非常害怕落选，计票时，他心跳加快，血压增高。如愿当选后，他却又失眠了。由于他从没有过当学生干部的经历，缺少自信，所以，当选后，他开始为自己担心："我能管理好班级吗？万一工作搞砸了被老师批评怎么办？万一下次落选该怎么办？"他带着压力来接受成功的结果。

一个相信和了解自己实力的人，一般会努力争取当班长，并在当班长后觉得，这真是人好了，真是众望所归，人心所向，大家如此信任我，我一定要把工作做好，不辜负大家的期望。而且，我能当选班长，说明我是一个优秀的、有实力的人，我肯定能将工作做好。

根据自我一致性理论，对于一个低自尊的人来说，成功竞选与他较低的自我评价产生不一致，而落选反而与他的自我评价一致。

因此，对于低自尊的人来说，成功也是一个需要适应的过程，因为平衡被打破了。比如，低自尊的学生，原来一直成绩中等，他没觉得不适应，因为这与他不那么积极的自我评价相吻合。而一旦他考了一个全班第一名，他的认知平衡就会被打破。他可能会对自己说：这次考了一个第一，可能是蒙上的；

这下可出名了，太可怕了；要是期末考试考砸了怎么办？期末考试可是要全区大排名的。

人们一般认为，生活中的好事情会引起身体的好感觉，使身体更加健康，而坏事情会妨碍健康。然而，某些研究却发现，对于不同的人来说，什么是生活的好事与坏事有不同的定义和理解。尤其是对于低自尊的人来说，好事反而可能会让他们产生负性情绪。

布朗等人认为，好事情是否促进健康受自尊水平的影响。布朗等人让女大学生完成罗森伯格自尊测验和标准生活事件量表。标准生活事件量表收集了近期的生活经验，包括积极和消极的，然后，让这些被试完成身体健康检查表。几个月后再次对这些被 试进行身体健康检查表的测试，以考察生活中的积极事件与自尊、身体健康的关系。结果证明了当初的假设，在低自尊的女学生身上，积极的生活事件恶化了身体的健康，她们越是报告更多的积极生活事件，所报告的身体疾病也越多。但是，高自尊的女学生则没有这样的结果。

随后研究者又调查了她们去医院看病的情况，发现经历了积极事件的低自尊的大学生，去校医院看病的次数更多了，而高自尊的学生身上没有出现这种现象。这可能是因为，积极的事件不符合低自尊学生的自我评价，使她们陷入了自我混乱。

然而，也有其他研究者指出，不能通过实验研究得出这样的结论，即低自尊者更加喜欢消极的结果，而不是积极的结果。与其说他们寻求自虐，不如说，他们寻求对自我价值的证明。由于低自尊者深信自己无价值或少价值，所以，会对积极的结果进行负面的调整与解释。积极的结果使他们产生了双重的情绪，一方面是高兴，另一方面是焦虑与怀疑，这反映了他们自我提升的动机和自我一致性动机之间的矛盾。

因地制宜地决策

我们如何根据环境的要求，给自己确立一个合理的目标呢？如何既避免低自尊的约拿情结，又防止高自尊的过度冒险倾向呢？我们应当如何审时度势、灵活而有效地进行决策呢？

第一，比较损失和收益的大小。如果某一决策造成的损失过大，而收益很小，我们就应当采取低自尊式的保守策略。比如酒后驾车，一旦发生，损失非常大，大到难以承受的程度，可能会使人丢公职，进监狱，而产生的收益则微乎其微，可以忽略不计。（如省了一个代驾的钱，或者打出租车的钱，或者快捷方便等。）此时，我们一定要悲观一些，小心一些，往坏了想多一些，不要存有侥幸心理。

如果某一决策造成的损失很小，而收益却很大，我们就应当采取高自尊式的冒险策略。比如，如果我们申报一个科研基金，一旦申报成功，收益非常大，可以评上职称，有经费可以支持科研，可以出成果，实现个人的理想。而失败的损失却非常微小，如只是白费了写科研申报书的时间与精力，失去了面子等。此时，最需要战胜的就是自我设限，打破性格的局限，加强乐观，增加勇气，要想好的结果多一些，想收益多一些。果断行动。

第二，面对模糊的预期或者不确定的结果，要积极地想象事情出现好的结果后的情形及其积极情绪。

比如，某一高校教师，要积极地想象，如果自己申报成了国家级课题，会产生怎样的积极情绪？自己的事业会有什么样的改变？自己会如何实现自己的研究设想和计划？计划实现后，自己的心情如何？

以及，我们也可以想象：

- 如果镶上这口牙，我吃饭会有多方便，生活会有多舒适？
- 如果做了腰椎间盘手术，我走路会多么轻松？
- 如果买了房，我的生活会多么稳定而安全？

让自己的积极神经经常处于活跃状态，这要靠积极的想象。

第三，面对挫折与失败，不要陷入消极的反刍。

低自尊的人如果犯了错误或经历失败，经常采取自责和反思的策略：

- 我为什么没有事先发现错误？
- 我不喝那么多就好了。
- 我太抠了，错过了买房的机会。
- 我为什么这么倒霉？
- 为什么是我，不是别人？

而高自尊的人，则采取问题弥补的策略：

- 我有什么弥补损失的方案？
- 最快的解决方案什么时候可以出来？

- 为了解决问题，我可以做什么？
- 找谁求助可以弥补损失？
- 问题解决后会怎样？

第四，善于识别自己的约拿情结。

低自尊的人通常过于压抑自己的情绪和本真想法，过于相信理智。约拿情结通常有几个特点，很好识别：

（1）它不是发自内心的，而是来自思维的习惯。所以，还是相信本真的冲动和直觉为好。

（2）它总是围绕面子展开的，无非就是丢人、可耻这一套把戏，没有什么新鲜的内容，把握了这个特点，就可以识别它。

（3）它是小时候的痕迹，不是现实的。所以，只要你的想法和判断与小时候的模式差不多，就要重视了。现实的挑战，总会引起你的不舒服，如果太习惯、太舒服了，就要注意，这是在重复过去的自卑模式。

（4）后悔与不满意性。如果你的想法虽然舒服、自然，但如果实现了，你会后悔或遗憾，而不会产生由衷的满意感。这时，你要注意，可能是约拿情结出现了。

（5）它不是情绪的，而是理智的。低自尊的人更加需要打破过于理智的生活魔咒，要更加感性一些，更加冲动一些，更加放浪一些。要善于打破陈规旧律，过有创造性的生活。情绪也有创造性，变化的情绪和生活内容，往往会使生活更加精彩。突破自我限制，追求卓越。

第七章 从患得患失到宠辱不惊

宠辱不惊，看庭前花开花落；去留无意，望天上云卷云舒。

——《小窗幽记》

通过前面的论述，我们已经知道，自尊作为显示器使得高自尊的人对自己的看法与评价持有积极偏差，愿意展示自己的高能力和美好品质，倾向于相信自己是一个可爱的人。这种积极偏差促使自我能够经受得住挫败的打击，使人们在面对挫折时，能借助自尊的力量来调节自己的情绪，抵御环境的消极影响。

考核是对自尊水平最好的检验手段。

唐朝的时候，有个叫卢承庆的人，专任考功员外郎，相当于组织部的官员，专门负责干部的考核。当时，考核官员有级别标准，如下下、中下、中中、中上等。有一次卢承庆考核一个运粮官。由于翻船，粮食被弄到河里了，于是卢承庆给他定了一个中下。这个运粮官得到中下的评语，一点也没有着急，反而谈笑自若。卢承庆想，给了这么低的评价，他都没有生气，没有影响工作，说明此人情绪控制能力还不错。然后又一想，粮船翻船还有别人的责任，也不能全怪在他一个人头上，那样未免太苛刻了，于是把评语改成了中中，并通知他本人。那位官员依然没有发表什么意见，既不说虚伪的感激的话，又没有什么激动的神色。卢承庆得知此事，脱口称赞："好，宠辱不惊，难得难得。"于是把评语改为了中上。

自尊的一个重要功能是维护自我内核，以明确的自我评价，来缓解失败带来的坏心情，调节我们的消极情绪。

低自尊的人在日常生活中也并不缺少积极的自我评价。当失败没有发生时，他们也会认为自己是讨人喜欢的，是聪明的，比一般人受欢迎、有吸引力，他们不会没事就自责，自寻烦恼。但是，在遭受打击或失败后，他们的心态一下子就会来个180度大转弯，几乎是垂直地落入万丈深渊。

高自尊的人不会这样走极端，而是会平缓地滑落。

低自尊者并非缺少积极评价，而是会产生比实际需要多的差劲感和痛苦感。犯错误之后，低自尊的人会这样说："是的，我知道我是一个聪明的、有吸引力的人，可以把许多事情做好，但我就是不能自我感觉良好，特别是在我失败或者犯错误的时候。"

低自尊对于失败如此敏感，在遇到任何涉及成败利益、面子的事情时，都会感觉到紧张和焦虑，对事情的结果格外重视。他们遇到与名利等有关的事情就紧张，给人的感觉是过分重视和追求名利，但实际上，并非如此。高自尊和低自尊的人在对名利的价值判断上几乎是一样的。只不过低自尊者由于缺少掌控感和自信，会过多地纠缠和考虑这些事情。在与名利有关的事情上，他们比高自尊者耗费更多的情感能量和注意力，想法更多，顾虑更多，患得患失更多。而在行动上，他们争取名利的有效行为反而可能更少。

如何对待得失是人性的试金石。荣辱不惊是稳定的高自尊者具有的美好人格品质，而患得患失则反映了低自尊者面对损失的消极态度和得到后也不能在心理层面获益的现象。

对于高、低自尊者，失败意味着不同的东西

高自尊者在整体上对自己持有积极的看法，对自己的优点

和价值深信不疑，所以失败的结果不会伤及整体自我，失败的结果只是局部的，就事论事的。而低自尊的人对自己是否有价值、是不是一个好人的信念在整体上是不确定的，自我肯定是脆弱的，自我概念是好坏参半的、不稳定的，所以，失败后就会感觉自我受到了打击，感觉到耻辱。

对于高自尊者和低自尊者来说，失败意味着不同的东西。对于一个低自尊的人来说，失败意味着整体的不胜任，表明自己是一个很糟糕的人。而对于一个高自尊的人来说，失败只不过是没有做好某一件事情，或者缺少某一种技能。

心理学家达顿（Dutton）等人做了一个实验验证了这个想法[1]。首先通过控制，让被试在智力测验上得到高分或低分，然后让他们在如下四个方面评价自己：

- 具体能力：你在这个测验中表现出来的能力是高还是低？
- 一般能力：你是一个聪明还是不聪明的人？
- 社交品质：你对人是虚伪还是友好的？
- 自我价值评价：总体上你是一个好人还是不太好的人？

结果很有意思。在具体能力评价上，高、低自尊的人在失败时的反应是一样的，都会认为自己在测验所代表的具体能力上很差。

但对于一般能力，高低自尊者之间出现了差异。测验失败后低自尊者开始怀疑自己的一般能力，认为自己是一个不聪明的人。而高自尊者没有出现这个现象。

在社交品质上，低自尊的人在测验失败后倾向于贬低自己的社交能力，似乎认为自己不仅在这个测验中得分低，而且还是一个不友好的、不受人喜欢的人。高自尊的人则不会这样，他们似乎会通过夸大社交能力来弥补测验的失败，如果智力测验得分低，他们会说："我善于社交，我是一个拥有许多好朋友的人。"

而在整体自我价值评价上，也出现了同样的效应。测验失败后，低自尊的人认为自己不是一个好人，而高自尊者没有出现这样的看法。

这说明，失败对于低自尊者的打击非常大，使他们感觉到自己是一个很差劲的人，并且觉得很丢脸。而高自尊的人失败后也会很失望，也会在特定的方面产生很不好的感受，但他们不将失败当成是对自己整个人的否定，也不会感到那么羞耻。

如前所述，低自尊的人在自我评价上并非十分消极，在某些具体技能和细节上的自我评价甚至非常积极，其要害是整体上对自我的中性或不明确的评价，以及在前后若干次的自我评价中所表现出的不稳定、得分不一致的情况。

这说明他们的积极心理资源不够，不太确信自己究竟是个什么样的人，倾向于维护看起来不那么棒的自我。低自尊者不是在绝对水平上看不起自己，而是在失败的条件下不能接受自己和正确评价自己。他们对自己的接受与良好感觉是有条件的，如果成功了就会感觉良好，如果失败，感觉就差了。这导致他们情绪生活的不稳定。

对于低自尊的人来说，自己的心情取决于最近一次事件的结果，即所谓的患得患失。而高自尊的人并不这样看待失败，他们的自我感觉不依赖于最近刚刚取得了什么，他们的情绪基本上可以达到“不以物喜，不以己悲”的境界。

从压力的角度看问题，凡是新的变化都会导致心理压力。不仅失败让我们产生心理压力，取得成就也会造成自我的某种变化，令人产生压力。压力体现的是个体对环境挑战的应对能力。在压力事件的测试指标中，像结婚、晋级、搬家、生子等常识中的好事情，也都代表着压力事件，而且还排在前面。比如，传统观念认为搬家是好事，改善了生活条件，有乔迁之喜之说，但是它也可能产生新环境适应问题。搬家改变了原有的生活习惯和生活范围，如从城市中心的公寓搬到郊区的别墅中，虽然居住条件得到了巨大改善，但也意味着孤独、寂寞。

再比如，人们一直把结婚当作是喜事，但是结婚也会给人带来压力，这意味着两个人要磨合、承担责任和付出承诺，以及学会处理居家的琐碎事务等。现代社会，结了婚的人也非常可能离婚，大城市的离婚率接近40%。

生子带来的压力就更大了，孩子的健康、学习、就业等，都充满了不确定性。

即使升职也会是压力的来源之一，意味着人际关系的变化，责任更重，负担更大等。

得失压力在现代生活中变得更加复杂，得中有失，失中有得。俄罗斯著名作家托尔斯泰写道：“幸福的家庭家家相似，不幸的家庭个个不同。”这句名言只说对了一半，其实，无论好事还是坏事，对人的情绪影响都有可能是喜忧参半的。

高、低自尊者无论是面对得还是面对失都有不同的反应，他们的差别是全方位的，体现的是自我调节力量的不同。

低自尊者放大对失败的情绪反应

我发现，生活中有一种人特别不喜欢玩牌或玩游戏。很长一段时间，我认为他们是由于珍惜时间而不玩牌。但是，研究了心理学之后，我更加倾向于从动机和自尊的角度分析这个现象。

我现在认为，有些不爱玩牌的人可能是因为低自尊而回避玩牌，他们的一个主要动机是怕输，而玩牌之类的竞争性游戏必然有输的可能。这种人一旦坐在了牌桌上就会心跳加快、血压升高，抓牌的过程都能看到他们的表情与呼吸的变化。轻松的游戏在他们心目中成了和自尊与面子有关的战场。

低自尊者受失败的影响非常大，他们倾向于夸大失败的后果。一个小小的失败会被他们放大成为一场灾难。

布朗等人为了验证这个假设[1]，设计了一个诱发失败反馈的实验。他们让大学生完成一个智力测验，通过改变测验题目，让一半被试能通过，另一半会失败。然后根据事先的测验所分的高和低自尊组，让他们回答情绪量表。

总体上，无论高还是低自尊组的学生，得知智力测验失败的消息后都是不高兴的，或是失望的，没有人在得知这样结果后反而高兴。

但在如何看待自己和评价自己上，高和低自尊组的学生表现出了差异。低自尊组学生成功时自我评价良好，失败时则对自己的感觉很差，认为自己很可耻，并且感到惭愧、对自我不满意，把小小的失败上升到尊严的高度。而高自尊的人没有因为失败就认为自己很差劲。

老李是一位高校副教授，年龄较大，在最近一次的正高职称的评定中又败给了一个年轻教师。他认为这可能是自己的最后一次机会了，所以，落聘后破罐破摔，不搞学术了。他开始练习跑马拉松，只要有机会就去各地参加各种马拉松比赛。我问他为什么不搞学问了，他回答说："我现在的生命意义改变了，我现在唯一的人生目标就是要比院长活得长。我一定要争取参加他的葬礼，连悼词都想好了。"

成功后也不能提升自信

低自尊的人不仅把失败放大，而且对成功的感知也有消极偏差。

他们对自己的成功和成就的喜悦持续时间不够长，通过成功带给他们的自信不稳定。成功后，他们不相信自己下次还能成功，甚至还会焦虑和恐慌。

低自尊的人似乎不能从成功中获得进一步提升自我的力量，不能通过成功在自我评价上获益，成功后不能充满正能量，并借势来进一步地发展自己，走向卓越。他们成功后也高兴，但不产生自豪感，好像只是松了一口气，可能对自己说"表现还不错，总算没有丢人"。甚至可能会想，折磨人的考验总算过去了，我可以过一段平静的日子了。由于不能借助成功来提升自己，他们只好通过贬低别人来获得自尊，得知别人不如自己时，他们更加喜悦，感觉到安全。

而高自尊的人则能够从成功中获益，成功对于他们来说是重新发现自我的好机会，也是自我的一个转折点。他们似乎会对自己说："这次成功了，就说明我是一个有能力的人，看来过去的自我评价是错误的，我真棒，我原来并不比别人差。"他们成功后会追求更大的成功，他们喜欢挑战的感觉。得知别人成功后，他们并不觉得妨碍了自我好感觉，而是盯着自己的目标，想着下一步如何做得更好。

心理学家让高低自尊的大学生从事一个难度很高的数学测验，两人一组进行，其中另一个人是实验者雇来的同谋，这个人时而扮演赢家，时而扮演输家，实验目的是考察不同自尊水平的人在得知输赢结果后的情绪反应。

当实验者在被试得知结果后询问他们是否愿意下次还参加此类测验时，研究者发现，低自尊的人在得知输了的结果后，会表示拒绝参加以后的类似测验，这个实属正常。但出乎意料的是，即使在得知赢了的结果后，低自尊者也会表示不愿意参加下次的类似测验。

高自尊的人则相对不受结果的影响，无论是输是赢，他们都表示还愿意参加此类测验。

还有一个研究发现，高自尊的人得知自己在测验中赢了后，会产生自我提升，即增加主动性和好感觉，测验之后如果有自由时间，他们会主动搞明白测验中没搞明白的题目，而低自尊者则没有这样的行为。

低自尊者通过贬低他人来维护自尊

人与动物之间没有自尊问题，成年人与婴儿之间也不涉及自尊的问题，但人与一个与自己相似的他人之间就一定会存在自尊的问题，自尊源于人际比较。

低自尊者不是通过自我提升来提高自尊，而是通过贬低别人来维护自尊。布朗在《自我》一书中曾经举过一个例子，引述如下：

假定你的老板让你准备一个项目的报告，在仔细考察了该项目后，你觉得它应当得到批准。你认真地准备好了一个报告，里面列出了你的立场，你把它交给了老板。老板读过你的报告后，拒绝了你的建议。

现在到了午饭时间，你决定到外面吃点东西。你看到三个同事在一起讨论，12 点时，他们三个一起出去了，没有叫你。

你的感觉如何？你会感觉到悲伤和失望吗？还是愤怒和沮丧？你整个下午的心情会受到这个事情的影响吗？你还会集中精力解决手头的问题吗？对这些问题的回答将暴露你的自尊水平。这样的经历会给低自尊的人造成伤害，使他们觉得十分羞愧和耻辱，也会让他们感觉无用和不受人喜欢，而高自尊的人却不会有这样的感受。

低自尊者不相信自己能取得优秀的成绩，对他们而言，达到人生的精彩状态固然好，但追求目标的过程充满不确定性，这种挑战实在令人难以承担。如果送给他们一个现成的成功，他们会非常高兴，但要他们通过奋斗来获得成功，这个过程就太危险，也太难熬了。自我力量太软弱，可能无法实现目标，所以，他们采取保守的态度。而维护自我感觉良好的最佳方法就是不出错，保平安就是福，无灾无难就是乐。然而，他们也需要出人头地，那怎么办？如何维护自己的自尊？他们采取了一种特殊的方法，通过把别人拉下来而保住自己的位置。

心理学家发现，高和低自尊的人在对待别人的表现方面存在很大的不同。研究者让一个权威人士评估测试者的能力，不仅是让被试知道自己的结果，而且也知道别人的得分。结果显示，当低自尊的人得知自己是优秀时，非常高兴，但在得知参加测验的大部分人的得分也是优秀时，高兴程度马上大幅度下降，甚至开始变得痛苦。而高自尊的被试得知其他人也与自己一样是优秀时，并不在意，而是继续高兴。这说明高低自尊的人维护自尊的方式不一样，低自尊的人似乎通过贬低或损毁他人来获得自尊，高自尊的人似乎通过提升自我表现来获得自尊。低自尊的人爱看别人的笑话，爱看别人出丑，这是一种维护自尊的方法。

伍德（Wood）等人做了一个实验[1]，研究者让高低自尊水平不同的被试进行职业能力测试，给予成功或失败的反馈，并让他们可以看到自己的成绩与其他人的成绩。研究发现，当低自尊的人得知自己的成绩不错之后，会急于与其他人进行比较，但如果得知自己成绩不好，往往会主动避免进行与他人的比较。生活中也可以发现，低自尊的人经常不敢主动去查看自己的考试成绩。他们也经常不敢看自己的录像，除非听别人说自己表现不错。

我们觉得有些人心胸狭窄，爱嫉妒别人，他们缺少善良之心，人性中存在着恶的成分，这其实是误解了这部分人。这些人的幸灾乐祸不是出于自私狭隘或人性恶，而是出于低自尊。他们通过这种方式来保持一点点的自我良好感觉。他们太不善于通过行动来获得高自尊的好感受，只能寄希望于通过他人的表现差而热爱自己。事实上，在一些特定的场合，他们也会表现出爱心，比如，如果他人有难，他们也会捐款捐物，伸出援助之手。

正如心理学家鲍姆加德纳（Baumgardner）等人指出，高自尊的人通过内部心理（Intrapsychically）的力量来进行自我提升，即自己与自己设定的目标比较，通过激发内部的动机，超越自我，以实现人生的价值。

低自尊的人则通过人际（interpersonally）的比较来进行自我提升，即通过超过别人来实现人生的价值。他们怀疑自己具备的内部能力，依赖他人的良好评价来获得自我提升。

有研究发现，当诱导低自尊的人把注意和动机放在如何挖掘内部资源、关注潜能的实现时，人际比较效应就消失了。

这样两种不同的追求和动机导致失败后的消极情绪具有质的不同。一个人如果为自己设定的目标而努力，追求自己的理想，那么挫折与失败导致的情绪将是内疚感和遗憾感，即觉得自己很可惜，其中包含着同情和怜悯。而一个人如果设定的动机是把他人给比下去，失败后他将产生无地自容的可耻感和丢人的感觉。他仿佛看到了别人嘲笑的目光，这实际上可能只是他的投射而已，因为他自己是这样的人，才会认为别人也是这样的人。

失败后易放弃

研究发现，如果没有先前任务的影响，也就是说，你是第一次做某一件事情，那么自尊水平的高低不影响任务的完成。对于陌生的事情，人们一般都会选择投入与坚持。

另外，在先前任务是成功的条件下，自尊水平的高低也不影响以后的任务的坚持性，即无论高低自尊的人，先前的成功都具有鼓舞性的作用。但是，先前的任务的失败对低自尊的人有很大的影响，妨碍了他们在后来任务中的表现，但对于高自尊的人来说，这种消极影响并不明显。

经历先前的失败后，低自尊的人的表现是更容易放弃，对于他们而言，失败不是成功之母，而是失败之母。在先前的结果是有利的情况下，他们表现得很好，与一般人无异。但是，经历失败后一切都会变味，他们会变得信心全无，对自己做事能力产生怀疑。他们不能像一般人那样出于利益或理性的考虑，选择继续坚持下去。

当明眼人都知道，在经历微小的困难或失败后，选择坚持下来通常会获益、成功的概率更大时，低自尊的人好像对此视而不见，选择放弃。

记得我大学本科毕业那年，有一个比我高一个年级的同学，专业思维绝对一流，可以与教授进行争辩。我是他的粉丝，断定他一定是一个前途无量的哲学家。但他年龄偏大，外语不好，本来可以期待免试读硕士，但后来因为政策有变，所有人一律要参加考试。开始，他也像其他人一样在精心准备考试，但就在离考试还有一星期时，他因为压力过大，退出了考试。具体的细节无从知道，但我们旁观者都认为，他只要参加考试，成功的可能性非常大。后来的事实证明当年的外语分数线确实很低。他对自己的能力和考试成绩的预测如此悲观，对成功与失败的评估如此幼稚与失真，除了用低自尊解释外，别无他解。后来，听说，毕业后他回到老家当了一名普通中专教师，平凡地过了一生。而那些当时学术天赋明显不如他的同学，有的后来成了全国著名的学者。

失败后一般人也会悲伤失望，但一般人好像能凭借理性知道在什么情况下坚持会有收益，放弃会没有收益，能够本能地选择坚持或放弃，好像受理性指导一样。而低自尊的人好像失去了理性的指导，因为陷入自责而不顾眼前的利益，受恶劣情绪的影响而选择放弃，或者逃避。正如亚里士多德所言："做正确的事情，你才会有好心情。"坚持做下来就有好心情，放弃通常没有好心情。

低自尊的人之所以在失败后容易放弃，可能的原因是失败后的自我关注。经历挫折后，他们把大部分心思都放在了反省上，注意力不能放在真正要做的事情上。低自尊者面对重大失败后，会陷入类似自我分化或解体的心情中，眼睛不再注视外部世界，而是变得内向。外界的刺激，如别人对他的谈话或别人的大笑，引不起他们的任何反应。深深的耻辱感和绝望感，把他们拉入悔恨和自我攻击当中，整个大脑在处理与外部世界有关的信息方面变得迟钝，只在批评和责备自己方面异常活跃。他们失去了对外部世界的兴趣，反应也不再受意识所控制。幸运的是，随着时间的流逝，大部分的自我责备情绪会逐渐消失。

低自尊的人经历失败后倾向于自我保护。经历了失败和挫折后，正常人通常会坚持一阵子之后才放弃，他们不轻易降低抱负。而低自尊的人，为了不冒失面子的风险，他们会选择更加有把握，但回报更低的行为标准。他们不将损失夺回来，而是变得更加保守、小心翼翼。原来的开朗、敢冒险的人不见了，取而代之的是优柔寡断的人。他们从一个要求绝对控制的焦虑者一下子变成一个追求低标准的求安者，热衷于选择比自己能力低的事来做。

失败为什么那么可怕

那么低自尊的人为什么易受先前失败结果的影响？为什么失败会让他们在整体上感到耻辱呢？他们的内心世界究竟发生了什么问题？

高自尊的个体追求成功与快乐的动机占主导。而低自尊的人优先考虑和重视的人生目的是如何不落后、如何不犯错误、如何不蒙受损失，人生的最主要内容不是活得精彩和获得掌声，而是不丢人，不被人瞧不起。

安全是他们最为优先考虑的内容。他们有点像食草动物，占据他们注意力的总是如何不被其他动物捕食，要保证这一点，就必须关注如何才能落下一两个同伴，因为老虎只能吃到最落后的同伴。他们不关注自己可以跑多快，不关注自己是否可以打破奔跑记录。

每个人都存在于人际关系中，人们需要合作才能战胜自然环境的恶劣，如治水患、狩猎。你在群体中犯了错误，就会受到他人的排斥与惩罚，就会出局。这种被排斥对于个体的生存是致命的，意味着死亡与毁灭。离开了群体，个体是无法生存的。这种孤独的流放判决等同于死刑判决。

记得我看过的一个影片，讲述猴子的故事。当老猴王被打败后，受到了群体的排斥，处境非常悲惨。它在河对岸眼看着远去的猴群，没有几天就悄无声息地死去，尸体随河漂流，永远地被淘汰与遗忘。

失败后会受到他人白眼与排斥，甚至可能出局，但是，如果自己主动承认错误，主动跪下来自扇嘴巴，就会得到别人的谅解，就可能不会出局。此外，这种刻骨铭心的自责也会令人牢记教训，以后不犯或者少犯这类错误。

示弱有时会救命，有一个小孩子，平时胆小从不惹事，经常受某人欺负与压制，终于有一天被逼急了，拿起了竹条狠狠地抽了对手几下，然后被追着跑回家，进家门就放声大哭，好像被欺负的是他，而不是对方。这样家长不仅不会惩罚他，而且会保护他。这是一种通过示弱而被保护的进化机制，具有适应意义。在这个意义上，低自尊是具有积极意义的，否则不能被进化保留下来。

低自尊者的这种脆弱的示弱性的情感体验是自动化的。它发生于前意识水平，是体验系统，其核心是一种人生价值观和情感态度："天生我材为保命。要低调、小心行事才行。"这种自我情感不涉及对自己的具体能力或品质的概念，它是对自己在人际中的位置的整体判断。我把它称为一种“卑劣感”。这种自动化的卑劣感决定了低自尊的人对失败和犯错误更加敏感，具有优先反映。

比如，小时候孩子会经常犯错误，如打翻了牛奶等。正常的小孩子也会害怕，也会感觉到自己犯了错误，但并不觉得自己整体上是一个差劲的人，自己是一个坏孩子。他们犯错误之后，注意力还可以集中于去做其他的事情。低自尊的孩子则过分焦虑，好像犯了某种滔天大罪，不可饶恕。甚至会觉得自己是一个坏孩子。对于他们来说，小小的失误意味着世界的末日。

来访者小李报告了小时候的一次经历。小李记得自己上幼儿园时，中午睡不着觉，只能服从老师的命令，躺在床上。可他的眼睛时刻都会睁着，无聊之下，只能用小棍在墙上划，时间长了挖出了一个洞，并且越挖越大，最后成了半个拳头大小的洞。老师发现后告诉了家长，那一个星期是他最漫长的等待，他什么事都无法做，脑子中只想着一件事，即即将到来的末日审判：来自父亲的惩罚。破坏公物，这可是天大的罪行。可没想到，想象中的惩罚并没有来到，父亲只是让人将被损坏的墙面修补好了而已。长大后，他无论如何都会对错误和失败反应过度，他知道这样想和这样感受并不正确，但就是控制不了。

在此，心理学家强调，形成耻辱感的并不是一个认知或推理的过程，孩子打翻了牛奶后并不会这样想：“我的身体协调能力很差，精细动作不如别人。其他具有良好协调能力的孩子就不会这样差，所以与他们比，我很不好。”同样，上述挖墙的儿童也不会对自己说“别人都能睡觉，只有我不能按时睡觉。别人没有破坏性，只有我手欠，不老实、不听话”，而是在犯错误之后，不由自主地觉得自己很差劲。

除先天的气质之外，后天教养环境也非常重要，正如爱泼斯坦指出的那样：“高自尊者通常都会有很爱他们的父母，他们以孩子的成就为荣，并会容忍他们的失败。这样的人倾向于拥有乐观的生活态度，并会容忍外在的压力，不会因此变得非常焦虑。虽然他们也会因为一些特殊的经历而感到失望和沮丧，但他们会很快从失败的阴影中走出。相反，低自尊者却有一对不赞同他们的父母，父母对孩子的失败很苛刻，对成功也只有短暂的快乐。这样的个体对挫折和拒绝过分敏感，对挫折的容忍度低，容易陷入失败的阴影而难以恢复，生活态度也很悲观。”[1]

这个自我卑劣感一经形成就会发挥过滤镜的功能，使人戴着黑色眼镜，透过它来看待自己的经历和品质。

一个低自尊的人尽管在容貌、智力、才能和受欢迎程度上，并不比高自尊者差，但他们却对自己的真实优点产生怀疑，尤其是在面对失败和错误时，会放大对自己的消极评价，觉得自己比其他人更差。

我们内心深处存在着一个对自己是谁的深深的情感，即在感情上觉得自己是一个整体和自主的，一种活着的力量感即活力，我称之为“生存的勇气和创造性”。这个古老的自我肯定是存在着巨大的个体差异的，被心理学家冠以自尊的差异。这个差异几乎是做人起点的差异，也是人性的基本差异。在自我肯定，自己是主人的自主性中，人才能获得幸福，才能抵御挫折。相反，在自己都说不清的情况下，就将主宰自己的权力交给了别人，交给了权威，或外部的力量，如名誉、金钱、权力，甚至交给了自己都不清楚的力量，在这个过程中失去了真实的主体性和自主性，当环境有风吹草动或危险时，你就会缺少抵御的力量，变得焦虑不安。

塑造这个被自己深深爱着的自我，成为自己的主人，并不像我们想象的那样容易，主宰自我需要非凡的勇气，因为它的背后意味着自由与担当。

如何不让失败妨碍我们的幸福

如何面对失败是人人都要学会面对的课题，但我们依然更愿意学习成功学，对于如何获得成功更加感兴趣，而都不愿意学习失败学。即使是心理学，对于人们应对挫折的过程的研究也十分薄弱。我总结了几个我所认同的有效方法。

第一，学会接纳，相信时间的力量。

失败与挫折固然可怕，但是，当经历失败后，我们想马上改变自己的沮丧情绪，立即恢复正常的心态也同样可怕，甚至有时更加可怕。失败会产生两个不同的后果，一个是影响我们的利益和名誉，另一个是造成我们恶劣的情绪。

当人们产生负面情绪时，通常会很难受，想立即消除它们，恢复常态。但是，负面情绪，尤其严重的负面情绪，有时会不受你的控制，你无论用何种办法，都无法改变心态。于是，你会产生自责，可能会认为自己意志薄弱，无法自控，羞耻卑劣，这种负面的评价会产生二次伤害，即挫折与挫折后经历的低自尊伤害。

有证据表明，二次伤害与抑郁症高相关。也有人把失败带来的直接痛苦叫作干净的痛苦，把二次伤害带来的痛苦叫作肮脏的痛苦。

我们无法控制失败直接带来的情绪痛苦，只能接受它们。失败后产生消极情绪是人的自然反应，这个神经机制已经进化了千百万年，你试图通过意识去消除或压抑它们是不可能的，也不符合的人的本性。失败后要善于无为而对，接受这些消极情绪。

接受失败及其情绪意味着把自己当作是芸芸众生中的一员，没有任何特权或豁免权。不仅你会生病，其他人都会生病，不仅你会退休，其他人也都会退休。

相信时间的力量，学会接纳。时间会改变一切，比如，对于普通人来说，在退休三到六个月后，低落的情绪就会改变。

积极心理学的研究证明，人们对于环境事件，如成功与失败，具有强适应性。环境对幸福的影响只有15%左右。其中，幸福事件对于人们的影响更加持久，人们对好事的适应期是6个月。比如，中大奖的人一般6个月后幸福感才开始下降。同理，评上高级职称、晋级等的幸福感也会持续6个月左右。

人们对于失败与挫折的适应期则短一些，一般是3个月左右。一个人如果不幸出车祸，高位截瘫，前3个月会非常痛苦，可能不吃不喝，把头蒙在被子里，不见任何客人。但是3个月过后，他就会开始接受现实，情绪会明显好转。有研究发现，获知患有癌症后的一个星期之内，人们无法接受，痛苦不堪，但是7天后积极情绪就会悄然恢复一些。有些人甚至开始去查阅资料，了解如何战胜癌症。所以，乐观存在于人类基因中，潘多拉魔盒打开后，邪恶跑出来了，但随后，希望也被从魔盒中释放出来。

所以，遇到挫折与失败要相信时间的力量，学会接纳，让时间治愈一切。当发现恋人背叛后，你第一反应可能是同归于尽，但一年以后，你绝对不会再产生此类想法，你会觉得以前的自己非常可笑，不可思议。

第二，设定内在的目标。

失败带来的主要情绪痛苦是技不如人的羞耻感，如果失败诱发的只是遗憾和惋惜，人就不会那么痛苦。所以，设立内在的目标，或者把外在目标内化成自己的内在目标，是一个缓解痛苦的有效方法。

晋级教授的目标通常看上去是一个外在目标，但是我们可以做出一些认知调节，把它变成内部目标。比如，我们可以想象做学问是自己的人生根本目标，也是自己的本真爱好，教学与科研是自己追求的理想的生活形态和生活方式，是人生的不二选择。无论是否评上教授，自己的职业生涯都不会有什么实质的改变，评上了教授，自己仍然还是指导学生、查文献、做实验、写论文，与没有评上所从事的工作内容没有任何不同。

把目标具体化为自己的能力标准以减少压力。比如，考核确定的标准是推销100万基金，你不要抽象地把它当作是压力，而是思考如何根据自己的现有实际情况来完成任务。如果你研究生刚毕业，是一个新人，那么100万指标可能不符合你的现有能力水平，你可以根据自己的实际情况确立30万的目标，先从自己可以利用的资源入手。总之，要善于把外在目标化解为自己认同的标准，这样完成任务的过程中就不会那么焦虑，面对失败也不会过于痛苦。

第三，不把失败与整个自我差劲等同。

情绪的特点是占据你的整个认知资源，在强烈的情绪面前，你无法思考，只能体验。比如，你刚与人争吵，吃了亏，你满脑子都是愤怒、如何反击，理性与调节消失得无影无踪。但是，理性是我们唯一可以利用的资源，只有理性可以控制情绪。

面对负性情绪的冲击，我们还是要学会容忍和控制，至少不能因为冲动而做出过激的事情。下面的方法也许会管用。

（1）当情绪的容器。自我是情绪的容器，无论负面情绪多么强烈，你都要退后一步，用自己的自我来容纳它。可以借用“接纳与承诺疗法”中的天空比喻和棋盘比喻。

天空比喻：你可以将自己头脑中的思维和意象当作天空中的白云，每一朵云上都呈现着一个思维或意象，这些云朵在天上飘浮，和它们上面的思维与意象一起，出现又消失。而练习者自己就像天空，尽管风雨阴晴气象万千，但不变的是永恒的天空。

棋盘比喻：想象一张无限延伸的国际象棋棋盘，其上摆着黑子与白子。其中黑子就像是那些坏的感受、思维、情绪与记忆等，而其中的白子就好像是各种好的感受、思维、情绪和记忆。在这个战场之上，白子和黑子相互对垒，激烈地战斗。虽然你不喜欢黑子，但它们就是你自身的一部分。如果我们能够换一个角度的话，你自己既不是白子也不是黑子，而是更像那个承载着一切的棋盘，也许白子和黑子依然在战斗，但是此时的你已不必活在战区之中。也许你依然会有各种各样不堪的记忆和可怕的想法，但是并不必要要求某种想法占上风。

（2）将失败归因于某一行为。

失败情绪使我们在解释失败事件时往往采用极端的语言。而在非情绪的场合，我们的语言通常是灵活的、留有余地的。自责的语言是刻薄而尖酸的，是绝对的、抽象的，从整体上打击我们的自尊。

失败后的消极的语言：

- 我从来就没有过好记性。
- 一遇到重要的事情，我总是紧张。
- 我从不擅长体育活动。
- 我动手能力差，所有需要动手的事情都别来找我。

失败后的积极语言：

- 我上次考试时英语单词没有记好。
- 前天大会发言，我表现紧张。
- 我的羽毛球打得不好。
- 我画画儿画不来。

第四，自我怜悯。

自悯，即自我怜悯，又称自我同情或自我关怀，是一个起源于佛教的概念。自悯指的是一个人在困难时期对自己的关心和支持。聂夫（Neff）最早发现了自悯在研究和临床干预中的价值，她将自悯定义为“在发现自己的缺点或遭遇某种困难时能够善待自己，理解不完美是普遍人性的一部分，并且不压抑或反刍自己的负面情绪，而是保持一种正念式的觉察”[2]。简而言之，自悯是一种对“人们在犯错误后在认知上对待自己的方式”的概念化。

聂夫定义了自悯的三个维度：自我仁慈与自我批判、普遍人性与孤立，以及正念和过度认同。自我仁慈是指在遭遇无法控制的生活事件或者面对自己的缺点或失败时，能够对自己表现出友善、关心和理解，能够主动安抚和安慰自己，而不是批评和责备自己。与单纯的自我接纳不同，自悯额外强调了普遍人性的重要性，即个体在接纳自己时需要意识到自己所经历的不幸、挫折和失败并非独属自己，而是所有人都会面对的。人生总是不尽完美，专注于自己的不幸会使个体陷入孤独和绝望，而普遍人性则会带来联结的感受。最后，自悯需要个体在感受情绪时做到“平衡”，既不压抑自己的负面情绪，也不陷入反刍之中，而是保持一种存在性的觉察，意识到并承认自己当下存在某种情绪。

综合以上四点，我们要在面对自己认识到的错误之后，主动放弃对自己的消极态度，并给予自己同情和关爱。方法如下：

（1）自我宽恕要求我们对自己有一颗平常心。破除完美主义，认识到自己是一个平凡的人，给自己确立一个现实的成功标准。具备思维的灵活性，根据现实的要求，调整行动的目标。

（2）我们要意识到，自我惩罚是创伤的结果，是低自尊的结果，对于进步毫无意义。当犯错后，自我惩罚如潮水袭来时，我们要反省自己情绪后面的原因，回到自己过去的创伤性的经历，分析情绪的来龙去脉。

（3）祝福自己，意识到虽然自己不完美，但仍然是值得珍惜的，希望自己能够平安地拥有自己的幸福生活。世事无常，生命无价。

第八章 从有条件到无条件的自尊

自尊的积极功能之一在于帮助我们形成内部的整合力和自我的稳定性，使我们表里如一，前后一致。自尊对于环境的影响有一定的过滤性，使我们对于来自不同立场的观点形成自己的独特的判断；对于挫折和来自他人的打击具有一定免疫力，使人们在面对矛盾与混乱的信息时具有一个强大的内心世界，使纷繁的情绪有一根定海神针。自尊的稳定性带来自主，有利于人们感觉良好，热爱自己，热爱生活，热情外向，积极进取。

老王是银行的一名老员工。他第一季度业绩突出，拿到了全单位第一名。受到表彰与奖励后，他自信心突增，自尊水平直线上升，觉得自己是全单位最有能力的人。但是第二季度，由于各种原因，他的业绩一落千丈，甚至有一笔贷款蒙受了巨大的损失。领导不仅严厉地批评了他，而且还威胁他必须尽快想办法弥补损失，否则就会处分他，甚至开除他。于是，他的自尊水平急剧下降，开始自责自恨，觉得自己是天下最蠢的人，被一个老同学轻易地给骗了，导致自己的一生全毁了，甚至开始自残。

其实，领导并没有真正想开除他，只是一时激动，随口说一句狠话。这一下把老王吓得差一点住进精神病院。后来这位领导前来安慰，才缓解了老王的情绪。

老王的问题就属于自尊水平不稳定。自尊不稳定与缺少明确的自我看法有一定的关系。

什么是有条件与无条件的自尊

美国著名心理学家德西和瑞安（Deci & Ryan）将自尊划分

为两个水平，一个是有条件的自尊（contingent self-esteem），另一个是无条件的自尊（uncontingent self-esteem）。两者来自不同的行为动机，可以解释自尊的稳定性。

有条件的自尊是指把自我的价值感建立在外在定义的标准上，把对自我的评价奠定于满足某些外在的目标上，如超过别人、争第一、让人羡慕、有车有房、有权等。如果一个学生认为只有成绩为 A 才证明自己是有价值的或可爱的，一个公务员认为退休之前一定要晋升到厅局级的位置才有自我价值，就是有条件的自尊。

有条件的自尊的人往往看中特定领域的成就，把达到这个目标看作是自我价值的唯一来源。研究发现，当人的自我价值的总体感觉越是依赖于特定领域的成功时，失败时就会越痛苦。[2]

有条件的自尊是不稳定的、脆弱的，成功时兴高采烈，而一旦失败，情绪就会急转直下。因此，有条件的自尊波动性很大。

人的一生是复杂多变的，好运不可能总是降临到你的头上，坏事也不可能总是伴随着你。生命的特点在于流变，即所谓的无常。因此，把自我价值建立于特定领域的外在目标上，常常是非常危险的，意味着你的情绪必然会一直起伏不定，而情绪的大起大落会导致情绪的痛苦。

不止于此，为了减少自尊波动造成的痛苦，人们会更加努力地追求令人羡慕的目标，如追求更多的名利，即追求成功成瘾。这就形成了所谓的“贪嗔痴”。

有人买了四室一厅的房子还不够，还要住别墅，住了别墅还不满足，还要拥有一个庄园，有了庄园，还要追求一个农场。

但是，最终农场还是注定不能满足他的所有欲望。

这种人过度追求成功，容易形成物质主义的价值观。人们的自尊越是有赖于特定的条件，越是容易聚焦于外在物质主义的生活方式。这会导致工作与家庭的失衡，为了事业成功牺牲家庭生活和个人的爱好，严重影响生活质量。

有些亿万富翁并不知道自己的真实需要是什么，他们经常为了追求金钱与地位损害精神健康，追求远超自己实际需要的金钱。其实，他们是通过对物质的追求来维护自尊。

无条件的自尊指的是不根据外在的或某一特殊领域的成绩来定义自我价值，而是根据自己是一个生命主体来定义自我价值。我活着所以我有价值。我活着故我在。

记得有一个电影，描述一位女教授被流放到西伯利亚的事迹。恶劣的生存环境和高强度的劳动与之前在莫斯科的优越生活形成了强烈反差。这位女教授让自己活下去并战胜痛苦的方法不是什么高大上的自我鼓励，而是对自己的身体说话，她说："老天啊，请保佑我身体健康吧。我热爱自己的身体，我的身体是宝贵的，愿老天给我一个完好的身体。为了父母给我的这个身体，我要好好地活下去。"

我对此的理解是，身体是与生命最接近的部分，生命的尊严就是好好活着。先有一个健康而宝贵的身体，至于别人如何看我，是否接纳我，自己的表现如何，在生命的基本尊严面前根本不值一提。正如《我是一只小小鸟》歌词中所问的，生活的压力与生命的尊严哪一个重要？当然是生命的尊严更加重要。

无条件自尊的人也是有"条件"的，这个条件就是本真、自发和自主。无条件自尊的人根据内在的、本真的价值设立目标。他们出于内心的渴望做事情，所以成功与否并不损害他们的自我形象。他们所追求的都是爱好，追求的过程就是享乐，结果的成败就无所谓了。

无条件自尊的人具有整体上的自尊，认为自己拥有的一切东西都值得重视和珍惜。他们甚至喜欢失败的自己，因为失败也是生命过程中的一部分。

我们不能否认，对于拥有无条件的自尊的人来说，也难免有因成败得失而造成的一时波动，然而，这种无条件的自尊所导致的自我价值感的稳定性，可以使人们有力量调节这种一时波动的影响，减少其负面影响，使人把这种影响控制在一定的范围内，不会造成巨大波动。

无条件的自尊体现了人的最高力量——自我决定。即自我有力量在掌控环境而不是受环境掌控，自我具有相对自由的意志，成为一个主体。

让我们来比较一下两者的特点：

有条件的自尊：

- 这种自我的价值感是不稳定的、会随时波动的。
- 它建立在取得特殊的结果之上，所以才不稳定。
- 它有时并不能代表一个人真实的意图和价值，甚至与个体真实的需要是冲突的。
- 这种脆弱的自尊导致不承认自己所拥有的消极感觉，不承认自己的不完美，甚至否定它们。
- 它源于追求外在目标，如成功、外表吸引力、他人的表扬。

无条件的自尊：

- 这种自尊是稳定的，不易波动。
- 它是建立在心理需要的满足的基础上的。
- 它与一个人的本真的感觉和价值是一致的。
- 它对于自我缺点是开放的、接纳的，而不是否认的或防御的。
- 它的来源是他尊，即安全型的依恋和信任的人际关系。

自尊的来源不同，造成了自尊在个体生活中所起作用的不同。有条件自尊的人，把主要精力投入到如何维护自己的完美形象和肯定自我上，生活的目标是努力掩饰自己的不足。如同学聚会时，他们不是想着如何叙旧和寻找同学情谊，而是如何不让老同学瞧不起自己，如何穿一身好衣服，拿什么好烟好酒出来。他们生活的主要追求是如何不丢面子，如何防止自尊的威胁。

无条件的自尊者会努力去满足自己的基本心理需要，去提升能力、做自己喜爱的事情，表达爱心，接纳不完美的自己。他们自在、自然，真诚而实在，平和而坚定，表现出安全和悠然的样子。

有心理学家认为，心理本真性影响有条件和无条件自尊。马斯洛认为，心理本真性是指人们充分发现、探索和接受自己的固有本性，实现个人意义和价值的一种动力过程[12]。罗杰斯则认为，本真性是指人们的自我概念和体验的经验是一致的，当一个人实现了自己的价值和潜能时，本真性就会出现。本真性是指一个人与真实的自我核心接触，心理机能充分实现了。哥德曼等人发现，当人们所做的事情真实反映了内心深处的需要时，他们的主观心理幸福感会增加，而且能保持四个星期之久[12]。他们的目标更加指向个人的成长，而不是功利。他们以事物为中心，体验更多的做事本身的物我合一状态，注意力集中于外部事物，外向而热情，经常充满好奇心，他们不关注自我，缺少自我意识。

我们认为，心理本真性与良好的人际关系和人际安全感有关。成功、外表等带来的自尊是暂时的，因为人们解决不了一个自尊的根本性的问题，即如果我输了，如果我变老了，我拿什么自尊。我赢故我有价值，必然导致我输故我无价值。

只有来自他人的接纳、热情、保护、分享、支持、共情才能真正催生本真的自尊。即使我失败了，即使我身体衰老了，但我仍然拥有你，我仍然拥有友谊与联结，拥有朋友的支持与理解，这种社会支持及其社会信任保证了我们无论身处何地、身在何时都会拥有自我价值感。

无条件的自尊源自“他尊”

无条件的自尊从何起源的呢？是什么力量塑造了无条件的自尊呢？无条件的自尊来源于他尊。

成年人经常有意无意地传递着这样的信息：孩子只有在某个特殊的领域成功了，才是可爱的，才是有价值的和受尊敬的，孩子只有表现出勇敢、智慧、运动才能等这些外在标准，才是有价值的。这样天长日久的灌输，使孩子把大人的这些标准内化成了自己的价值。孩子的价值反映了成年人的社会价值，尤其是在现代社会，这种过分看重外在价值的教育方式，成为许多家长和教师所认同的、天经地义的教育方式。

儿童学会了把成年人的外在强加的成功标准当作是自己的标准，成为一个生硬地追求成功的人。研究发现，具有不稳定自尊的运动员，更加倾向于报告说，他们从事运动的动机大多来自外部的力量，如教练或父母的态度。

有条件的自尊可以通过教养方式代际传递。有研究指出，带着有条件的爱来教育孩子的父母比起无条件地爱孩子的父母，更多地报告说他们自己的父母也是以这样的方式对待自己的。

不仅是父母、教师强化着有条件的自尊，有时现代的媒体也会过分渲染财富、美貌的力量，强化有条件的自尊的理念。

所以，凭借成功来达成自尊这条路似乎走不通，那么什么通向健康的、无条件的自尊路呢？那就是和谐的人际关系。他尊是通向自尊的必由之路。

无条件的自尊来自父母传递的无条件的关心和爱，大爱无欲。抚养人对孩子的爱不是出于其成功与否，是否达到了自己的期望，而是出于孩子自身的兴趣和利益，出于孩子是一个健康和鲜活的生命。

这样的父母支持孩子的自主性，强化他们的合作性。感觉到无条件关怀和自主支持的孩子，具有一种稳定的、持续的自我的价值感，不会因为环境的波动而发生大的情绪波动，是有安全感的孩子。他们不会关心个人的外在表现，不关心“你到底爱不爱我”，他们具有内在自我认同性，有能力根据自己的真实喜好来选择和决定自己的生活之路。

有一个叫豆豆的小孩子，在爷爷的无条件呵护和爱的氛围中长大，小学时就表现得勇敢、执着与自主。她非常喜欢植物学，对中医治病的过程非常好奇，于是小学放学后，来到大学的校医院中医诊室，对大夫说：“阿姨，我想学习中医，我能不能每天都来跟诊，看你如何给人看病？”大夫回答说：“好啊，我就喜欢爱学习的人，你以后可以天天来，我指导你。”几年过去了，豆豆上了初中，有一天突然跟大夫说：“阿姨，我跟您也学得差不多了，您能不能给我推荐一个更厉害的专家？我想再提高一个层次。”大夫痛快地说：“好啊，我给你推荐我的研究生导师，中医药大学的老教授吧。”这样，豆豆又跟这个著名的老中医学了几年，高中毕业后顺利地考上了中医药大学。现在，豆豆每年寒暑假回家探亲都要去探望她的中小学老师，并主动为他们看病。在无条件的爱的关怀下，豆豆具有自主性与爱，忠于内心的兴趣，具有本真的、健康和乐观的自尊。自尊在她那里，根本不构成一个问题。

也有追踪研究发现，当父母满足了孩子的自主与爱的需要，无条件地爱孩子后，孩子具有较少的物质主义和更好的适应性，他们具有充分的安全感，情绪更加稳定。

雄心还是虚荣心

无条件的自尊者其目标和行动的动机更倾向于反映他们内

心的本真的兴趣和真实的价值，而不是他人对他们的期望。

心理学家把人的动机分成两个大类：一种是外部动机，即把自我价值置于外在目标上，如漂亮的长相、讨人喜欢、财富和社会地位；另一种是内部动机或者内部的价值引导，这种动机是由成熟的自我深思熟虑发出的要求，是经过自己认同的动机。

无条件高自尊者的动机具有这样的特点，他们听从内心的召唤，忠于自己的信念，坚持自己的立场，不会轻易被人说服。遇到困难时能坚持对价值的追求，因为这种追求是自己生命的意义所在。

价值是一个人内心最看中、最珍惜的东西。与外在的目标不同，价值是终极的，即使价值没有实现，人也不觉得遗憾。追求价值本身的过程，已经构成了人生的意义。

有人可能说，我就是一个追求外部目标的人，对于我来说，只有对金钱和财富的热爱才是真心的，才是我高度认同的。因为我发自内心深处认为，只有富裕和享乐的生活才是最重要的，其他什么都是浮云。

但是，你必须回答的是，你挣钱的目的是什么？用钱来做什么？买买买之后，你还要做什么？旅游之后你还要做什么？晒过了大餐之后，你要做什么？你可能说，“我不想再做什么”。其实，这个回答在回避重要的问题。

一味追求金钱的人实际上是缺乏安全感，缺乏真正的价值。他们通常不能满足人际联结的需要。对于他们来说，财富只是证明自尊的手段。

每个人为了生存都不同程度地追求物质利益，但是仍然可以根据动机的内部和外部性将人的动机区分开。比如，同样是商人，有的人以利益最大化为目的，不择手段，永无止境。这种人焦虑地赚钱，出于不安全感和虚荣，出于处处想打败他人、成为人上人之类的动机，有了钱就会购买名车、豪宅，向外人炫耀，如果挣不来钱则会变得自暴自弃，如酗酒、产生抑郁情绪。他的情绪是不稳定的，随着是否有钱而波动。面对比自己混得差的人，他自信增高，面对一个比自己强的人，则变得自卑。

一个无条件高自尊的商人，不仅遵守基本的道德底线，而且经商的过程也充满了乐趣和意义。他不那么贪婪，不那么斤斤计较，他根据自己的实际情况设定规划和目标，不与周围的人较劲，他有自己的内心标准和道德，把内心的价值和信念看得与赚钱同样重要，甚至比赚钱更加重要。他心情愉悦地赚钱。

在上述意义上，我们可以将人们的动机分成虚荣心和雄心。

虚荣心可以理解为追求外在名利和目标，体现了一种有条件的自尊。虚荣者对做事的过程本身并不热衷，对于事物的意义并不看重，他唯一重视的是别人的掌声和欢呼声，他所付出的一切努力都是为了获取荣誉，让天下的人佩服他、羡慕他、喜欢他。他的最高目标是让所有的人都跪在他脚下，崇拜他。

日本作家盐野七生在其所著的《罗马人的故事》一书中精辟地分析了这种现象。所谓虚荣心就是想到被别人认为优秀而感到欢喜的心情。而雄心则是即使得不到大家的赞赏也执着于达成自己的目标的想法[4]。根据她的分析，罗马的法学家和演讲家西塞罗就是一个虚荣心远远大于雄心的人（见图 8-1）。西塞罗是古罗马的著名政治家和思想家，担任过罗马执政官和元老院元老。他反对独裁，拥护贵族共和制。西塞罗虽然才华横溢，著作等身，演讲精彩，但内心却并不强大。他热衷于财富，拥有许多豪宅、名酒，演讲的主要目的是哗众取宠，获得掌声。他所做的一切主要是为了名誉，而不是自己内心的理想和价值。

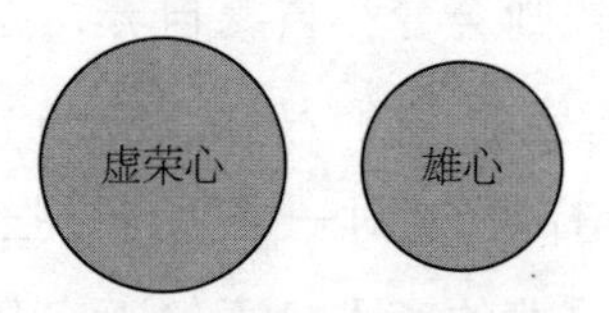

图 8-1　西塞罗的动机模式

在盐野七生看来，恺撒则是一个雄心大于虚荣心的人（见图 8-2），为实现自己本真的抱负而做事情。恺撒是古罗马著名的军事家、政治家，以其优越的才能成为罗马帝国的奠基者。恺撒追求自己的政治理想，具有强大的内心力量，勇敢善战，对人信任，不在乎名利。他更加看重的是内心的价值。

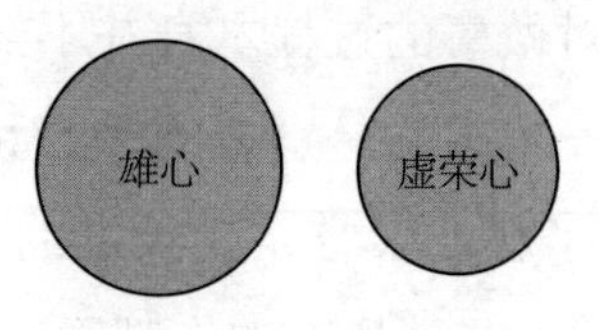

图 8-2　恺撒的动机模式

追求外在的虚荣的人通常不是只在乎某一特定领域的名利，而是一种整体上的动机偏差，即他们重视一切与外界标准有关的事物的价值。比如一个爱虚荣的人也非常有可能爱钱，因为钱是与虚荣密切相关的；一个爱荣誉的人也会关注自己的外表，过分在乎其他人的意见。所以物质主义、讨人喜欢、外表等这些外在的目标都会同时成为一个有条件自尊者关注的对象，因为他们深信只有拥有美的外表、时髦的消费、突出的成就、胜人的才智等，才能证明自己的价值，所以他们拼命获得这些东西或品质。但过度关注这些东西的得失，易造成压力与紧张。

两种有条件的自尊

有条件的自尊可以分为两种。

第一种是有条件的高自尊，可以叫作虚假高自尊。这种人表面上自我肯定，对自己持有积极的看法，但内心紧张，经常无征兆地出现敌意、愤怒、攻击、恼怒、紧张等消极情绪。他们平时爱自吹自擂，感觉良好，但是面对批评却容易失控，表现出不符合常识的愤怒情绪。

王教授，平时上课总爱讲一些与课堂无关的事情，比如经常说自己的孩子如何厉害，自己认识多么多的名人，为多少大老板们讲过课等。又说自己去过美国五次，日本三次，法国两次。有一次一个学生终于忍无可忍地说："老师，你已经讲过六遍了。"但是，令同学们惊愕的是，这个教授竟然脸色涨红，开始发飙，大声地咆哮着要这个学生离开教室，还说"这个课堂上有你没我，有我没你"。

有一位运动员，天生具有良好的运动基因，不认输，足够努力，拿奖拿到手软，是天生赢家。但是他性格不太好，最主要的问题在于总在傲慢与愤怒之间转换。他有高自尊的一面，恃才傲物，会在大赛上指着外国选手说："我是老大。"但他有一个致命的缺点，就是容不得别人的批评，会对此反应激烈，甚至失控。有一次，教练批评了他几句，他竟然当众顶撞："我不跟你练了。"

有条件高自尊的人自尊水平表里不一，这一点，本书会在"告别虚假高自尊"这一章来专门分析。

有条件的高自尊者平时掩饰得极好，极具高自尊的伪装性。他们爱表现自己，炫耀自己的手段也非常高明，使不少人相信他们充满了魅力。但是，一旦遇到别人的批评或贬低，他们就开始露馅，自卑的本性暴露无遗。

第二种类型是有条件的低自尊。这种人外表低调，但是内心并不宁静。表面上看，他们不像高自尊者那样咄咄逼人，而是表现出谦让、被动、平和、逆来顺受的特点，一般并不轻易与人发生争执，好像很有教养，其实他们的内心感受并不如此。

他们内心一点也不佛系。平静下面是争强好胜的心。他们对成功与失败敏感，力争把什么都做好。他们每天都带着紧张情绪上学或上班，总想打败别人。他们非常在乎努力的结果。取得好成绩时，他们表面上不露声色，甚至有些谦虚，但是内心却会掀起惊天骇浪，得意扬扬，自尊猛增，走路都像是在飞。而失败时，他们表面上装作不在乎，其实内心的感受是极度痛苦，背后会掉眼泪。

他们自我压抑能力较强，经常压抑不满与坏情绪。他们总想改变自己，试图像高自尊者那样快乐和放下，但实际上做不到，并因此引起更多的自责和悔恨。

他们对失败和他人的拒绝的敏感程度与有条件的高自尊者

是一样的，不同的是，有条件的高自尊者在遇到挫折和批评时，怒形于色，直接反击，倾向于攻击与侵犯别人，而有条件的低自尊者则不敢公开与人叫板。他们记仇，并压抑愤怒情绪，有时也会把愤怒情绪指向自己，所以心理痛苦的程度更加严重和持久。

此外，有条件的低自尊者的挫败感的来源与有条件的高自尊者不一样。有条件高自尊者的心理痛苦更多地来自人际关系，只要被人批评和贬低就发怒、情绪失控，而有条件低自尊者的心理痛苦来源是更加广泛的，既有来自对他人批评的敏感性，也有来自对失败的敏感性。原因可能在于他们的低自尊使他们无法抵御任何打击，不像有条件高自尊者那样还有一些自我肯定的资源（尽管是表面上的）。

如何达成无条件的自尊

一个无房无车、相貌平平的打工者也有可能具备无条件的自尊吗？面对挣钱的诱惑与生存的压力，他们何以达成无条件地接纳和热爱自己？

第一，建立人际信任和合作互助，这是自尊的主要来源，也是最为廉价的来源。自尊主要不是来自昂贵的整容，也不是来自名车豪宅，而是来自触手可及的善意和友谊。牢固的友谊和关心，使人产生无条件的自尊。面对一个知心朋友，你不会产生被评价和被比较的焦虑。

高质量的关系本身就是人生的终极目的，适当依赖他人并非软弱，与人闲聊与分享也不是浪费时间。它与心理健康的关系，就犹如阳光、土壤与种子的关系。信任别人、依靠别人、帮助别人，并非为了获得回报，它们本就是高质量生活的必要组成部分。

同时，自尊也维护并调节着这种平等的人际关系。自尊使我们保持自我的独立的立场，合作而不屈从，兼顾而不退让，既能孤独又能联结。

要实现上述这些理念，我们要改变在过去成长经历中形成的对他人不信任的主观表征、回避他人的自动化的习惯，以及封闭起来的暂时安全。面对他人，要保持好奇心，不预设任何前提，像探索一个未知事物一样探索他人，并随时保持对于人际关系的觉知，识别因为自己的偏见而导致的对他人动机的怀疑，识别因为自卑而导致的把自己不想要的心理品质投射给他人所形成的对他人恶意的夸大。在心理距离上，让他人变得不再疏远。

第二，热爱自己的身体。身体是生命的核心，也是自尊的起点。热爱自己不是热爱自己的成功和荣誉，而是热爱自己的生命。我认为，一个人有价值是因为他活着，是一个生命体。一个人的头发、眼睛、四肢都是苍天的馈赠。热爱自己从爱护身体开始。无论我们住的是地下室，还是公寓，吃的是方便面，还是山珍海味，我们都要热爱我们的身体，尽量照顾好身体。与其去想别人如何比自己强，不如用这个时间多照顾自己，给自己做一点好吃的，把自己的房间打扫干净。自尊从关爱自己的生命开始，从戒断胡思乱想开始。

关爱自己的生命，不仅是为了有一个健康的身体，而且也表现出维护身体和表达情感的需要。情感与身体有关，反映了一个人本真的需要和愿望。在信息社会，各种意见和观点每天都在影响人，人们非常容易失去真正的自我表达和诉求。所以，要回到自己的立场和自我中心，要感受和体现什么是自发的我，什么是自己的真正的感受，什么是自己的情感所在，立场所在。不要轻易受别人的影响，盲从主流观点，要善于形成自己的独特信念。有条件自尊的人习惯于用理智生活，对于他们来说，要学习多运用感性来生活。体验发生的一切，而不是思考它们。一个有效的方法是挖掘个人的兴趣与爱好。要想一想，究竟什么是自己的爱好和兴趣，如果不考虑名利，自己最想做的事情是什么。什么事情能给自己带来由衷的乐趣。

第三，我们要随时形成和维护自己的精神立场。积极心理学创始人塞利格曼讲述了一个故事。有一天他去看望病重的老友，发现一个年纪不小的男护工在更新挂历。塞利格曼问道："这里是危重病房，多是一些昏迷不醒的老重病人，你挂新挂历干吗。"这位老护工说，虽然他们长期昏迷不醒，但是我希望他们醒来后，第一眼看到的是一幅美丽的风景。

每个人都有自己的独立意志和自由精神，这是任何恶劣的环境都无法剥夺的。正如意义治疗创始人弗兰克尔所说，即使是在纳粹的奥斯维辛集中营，囚犯们也仍然会感觉到生命的意义，仍然会欣赏落日，仍然会帮助他人。对于有条件的自尊者来说，回归和发现自己的精神立场并不是一件容易的事情，脱离了被人评价和功名的立场，一些人会不知所措，头脑空白，感觉迷失了生活的方向。这说明，他们已经习惯于从外界的观点看待自己了。这样的思维模式维持过久，会损害内部的心理需要和精神立场，而回归本心的态度也需要重新学习。

第九章 低自尊与抑郁症

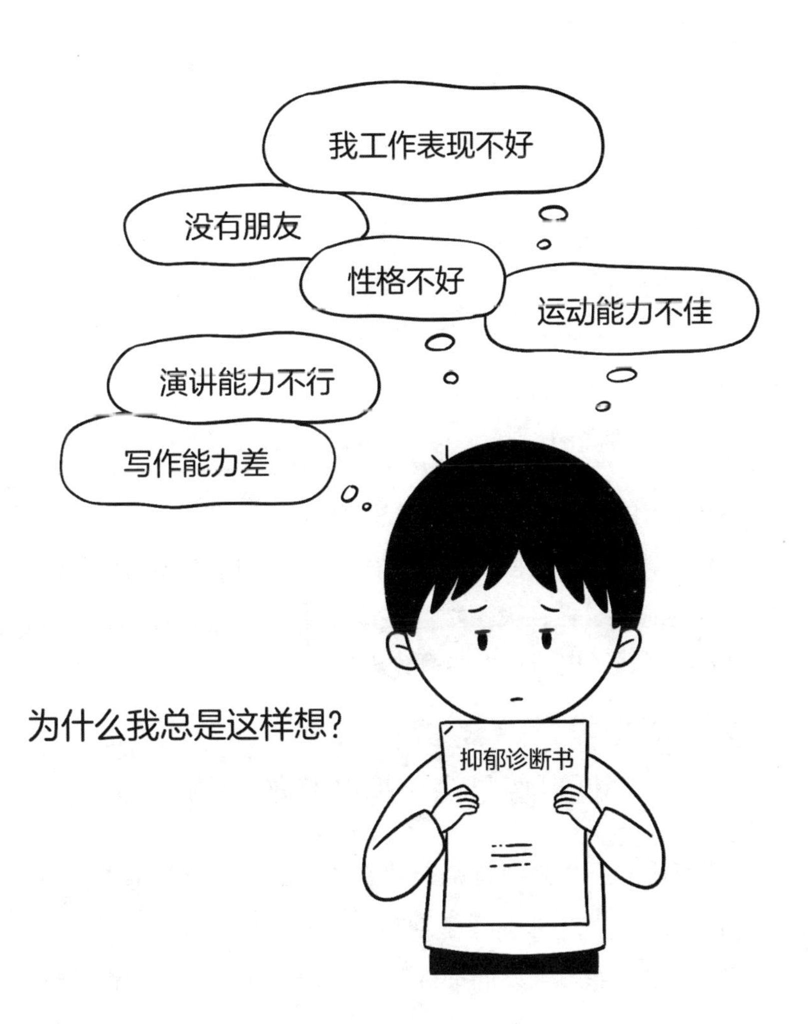

抑郁症是一种长时间持续的、令人异常沮丧的身心症状。主要表现为兴趣淡漠，被动消极，悲观绝望，难以卷入现实生活。抑郁症已经成为现代人最为严重的疾病之一，它所导致的一个直接后果就是自杀，大约70%以上的自杀者都伴有抑郁症，所以它引起了全社会的广泛重视。

具体来说，一旦下述症状持续两周以上，就可被诊断为抑郁症：

- 食欲或体重减退。
- 疲倦或嗜睡。
- 对日常活动缺乏兴趣或乐趣。
- 精力减退。
- 感觉到无价值。
- 不能专心做事情。
- 有自杀的念头。

抑郁症的诊断一般应由有经验的医生做出。抑郁症又可分为若干亚型，有严重程度之分。在患有抑郁情绪障碍的人当中，极为严重的为少数，大多数为轻度或中度抑郁。有不少中轻度的抑郁症患者不用治疗也能自我恢复。

低自尊是滋生抑郁症的土壤

抑郁症的产生必须有两个基本条件，一个是外部的消极生活事件，这些事件也可以称为挫折。一般是指一个人经历了在爱情、成就、能力等方面的挫败，如爱人的去世、爱情关系的结束，或事业的失败，包括晋级失败、退休等。另一个是内部的不良心理素质。

经历消极的生活事件只会使少部分人得上抑郁症，因此，内部的健康的心理素质对于抑郁症也有十分重要的影响。

素质通常表明易感性因素，它影响着某一个消极事件带来的伤害的大小[1]。比如，一个建材素质比较好的建筑物，在经历地震灾害时，就会比素质不好的建筑更加不易坍塌。而自尊正是影响消极事件造成伤害大小的一个心理素质。

大量研究指明，抑郁症与低自尊的相关是非常高的。布朗等人的研究发现[1]，面临一个消极生活事件的打击时，低自尊的妇女发生抑郁症的可能性几乎是高自尊的妇女的两倍。也就是说，当消极生活事件发生时，低自尊的人更加容易产生抑郁症。

具体而言，自尊的两个方面的特点影响着抑郁症的发生。

第一个是有条件的自尊。如本书第八章所述，低自尊者主要的特点是为自尊设置了先决条件，他们不像无条件的自尊者一样具有一般水平或多水平的自我价值感，而是坚信只有自己达到了某一个具体的成功的标准，或者得到了某个人的赏识或爱才是有价值的。而这种成功的标准或者被爱的标准不仅是非常苛刻的、完美的、通常不可能达到的，而且是唯一的、不可取代的，具有刻板性。

也就是说，低自尊的人除了获得爱、关怀和成功之外，没有其他的自我价值来源，如娱乐、才艺、爱好或兴趣等。比如，一个商人如果认为自己唯一的价值是发大财，相信只有赚大钱才是体面人生的标准，他就会为了赚钱牺牲生活的乐趣，不顾亲情、娱乐等其他方面的需求的满足。而且由于把赚钱的目标定得过高，一旦他生意赔了钱，就会产生无价值感，可能诱发抑郁症。再比如，如果一个家庭主妇唯一的生活内容就是照顾女儿，几乎把所有的爱和关心都给了女儿，对其他的事情丝毫不感兴趣，那么当她的女儿去外地上大学后，家庭空巢了，她就可能患上抑郁症。一个技术工人，把一生的精力都用于提高技术能力，得到了无数的奖状和赞美，如果到了60岁接到了人事部门的退休通知，就有可能患上抑郁症。因为他们的生命得以支撑的唯一价值不在了，又没有其他的成就的来源。

有条件的价值主要有两种类型。一种是条件性的人际价值，这种人过分依赖他人的接纳、赞同和爱。持有这样信念的人，如果受到了他人的排斥、经历爱情的失败或亲人去世，就容易诱发被抛弃、孤独、无人爱和无希望的抑郁情绪。另外一种是条件性的成就价值，即过分依赖以成就获取自我价值，坚信只有达到了某一个成就标准，即成功地控制了环境或者能力上达到了某种标准，生命才是有意义的。如果无法实现这一目标或标准，就会诱发无能感、内疚感、自责感与无价值感。当消极人际事件发生时，如离婚、失恋、失去朋友，有条件的人际价值的人更容易患抑郁症。而当与成就有关的消极事件发生时，如退休、事业不顺，有条件成就价值的人更加容易患抑郁症。

影响抑郁症的第二个方面的因素是自尊的稳定性。自尊可分为稳定与变动的自尊，稳定的自尊是指无论成功与失败，个体都能对自己持有较为积极的看法。变动的自尊是指自尊随着时间而波动，如随着成败的结果而波动。

有研究者用自尊的波动来预测抑郁情绪的产生。巴特勒（Butler）等人对于大学生进行了为期30天的自尊测量[1]，测量指标有两个：一个是自尊的高低水平，另一个是自尊的易变性，主要是在他们经历消极事件或积极事件时，测量他们一天后的自尊水平的变化。他们的研究发现，低自尊不能预测抑郁情绪，但是自尊的稳定性能预测抑郁情绪。在经历消极事件后，自尊波动的学生比自尊稳定的学生更多地感觉到了抑郁情绪。这说明，在顺境中感觉良好的人并不具有真正的高自尊，只有在逆境中感觉不太坏的人才是真正的高自尊者。

抑郁症的消极认知内容

抑郁症的认知模式与低自尊者在自我评价方面十分相似。低自尊者的自卑、归因方式、自我批评与自我惩罚等认知症状，几乎与抑郁症所具有的消极认知内容相同。

以贝克为代表的认知疗法理论认为，抑郁症主要可以从患者悲观无望的认知图式（认知结构）加以解释，因为这种病态的认知图式主导了病人的心理世界，使他们歪曲地看待世界和自身。他们主要是以否定的、消极的立场来看待自我、看待自身的经验和未来。在建构自己对世界的理解时，他们将消极的内容系统地投入其中，好像通过一个黑色的眼镜来透视这个世界。经过他们的透视，世界上的一切，包括他们自身都是黑色的，都是没有前途的，死气沉沉。这种自我歪曲和消极的认知图式是导致抑郁症的认知上的原因。

消极的认知图式有以下几种：

第一，以偏概全。抑郁症患者缺少整体的自我价值感，与低自尊相似，他们把人生的全部价值都奠定于某一个特殊的重要领域，像一个赌徒把所有赌注都压在一个赌注上，所以，一输皆无。无论是过于重视爱情还是过于重视职业成功，如果在这个领域经历失败，他们就会倾向于认为自己整个人都是失败者。具体领域的失败常常被冠以全方位的消极的自我评价，常常用“所有”“一切”“全部”等词汇表达。

第二，抑郁症患者具有严重的自我贬低和自我否定倾向，与低自尊者思维方式是一样的，甚至变本加厉。他们认为自己是丑陋的、没有人喜欢的，是懒惰的、不可救药的、毫无价值的，简直把自己看得一无是处。正常人有时也难免会产生自责，认为自己不好，但正常人的自责不像抑郁症患者那样是全面、长期的。抑郁症患者具有攻击式的自我贬低，不是就某一件事情的成败进行评价，而是以彻底消灭自我的方式进行的精神自残。

第三，悲观与绝望。这种消极评价在时间上投向未来，患者认为自己将来的行为也是必然会失败的，无论如何努力，结果都只能有一个——失败。所以，他不从事任何积极的建设性活动，仿佛已经看见了悲惨的结局。他把消极的未来提前透支了，像一个预言家，已经知道未来是怎样无意义，所以抑郁症病人没有时间展望，失去了人类的基本的憧憬能力。

第四，归因方式上，抑郁症与低自尊者是一样的。他们把失败归因于自我的内部，如能力和努力不够，把失败看作是永久的，而不是暂时的。

第五，在记忆和注意力上出现偏差，容易记住生活中不好的事情，将注意优先聚焦于生活中消极的方面，尤其是看待自己时，会优先选择缺点。

第六，强烈的自我意识，抑郁症患者像低自尊的人一样，经常有意无意地进行自我反省，分析自我并评价自我，对自我的关注优先于对外部事物的关注。

第七，这些消极的想法主要不是针对别人的，而是针对自我的，而且是自动化的、不受意识控制的。

贝克等人创立的认知疗法倾向于从治疗学的角度把错误的信念或认知当作抑郁症产生的原因，并把改变消极的认知当作是治疗抑郁症的突破口，认为只要矫正了这些错误的认知图式，就可缓解抑郁症。

低自尊并不等于抑郁症

低自尊与抑郁症虽然有相似的认知图式，但低自尊与抑郁症并非一回事。低自尊是低自我评价，是从不符合真实的自我的角度来描述一个人的自我，是一个心理问题。而抑郁症是一个病理学概念，意味着一个人得病了，不能适应基本的工作与生活要求，是一个医学问题。

抑郁症有先天的遗传原因，低自尊则主要受后天教养方式影响

抑郁症的发病原因非常复杂，抑郁症与生物遗传和环境影

响均有密切关系，其中遗传可能是一个重要因素。

对双生子的调查发现遗传因素是抑郁症产生的一个重要原因。科学家也锁定了抑郁症的基因。美国耶鲁大学的研究团队发现丝裂原活化蛋白激酶磷酸酶 -1（MKP-1）的基因缺陷是造成抑郁症的重要原因。遗传基因在环境的诱发下，使大脑产生了神经化学变化。有研究发现，抑郁症可能与大脑突触间隙神经递质 5- 羟色胺（5-HT）和去甲肾上腺素（NE）的浓度下降有关。

也有研究指出，具有抑郁症遗传素质的人，在经历连续或严重的失败与挫折后，大脑中的血清素系统的功能失灵，导致血清素水平下降，而血清素水平不够，人们就可能会患抑郁症，甚至可能就会产生自杀冲动。

而人的自尊是在后天环境的影响下形成的自我评价，主要来自父母的教养方式。来自父母的缺乏关爱、对孩子的批评与惩罚过多、经常用过高的标准要求孩子、对孩子产生过多的失望、有条件的爱等。

所以，低自尊只是影响抑郁症发病的一个主观因素，不是抑郁症的发病原因。

抑郁症主要表现为情绪低落，而低自尊主要是认知歪曲

抑郁症是一种以心境低落为代表的综合症状。第一，在情绪方面，抑郁症表现为沮丧的状态，对从前曾为之感到愉快的事物或活动不再感兴趣，如不能对幽默做出反应。第二，在动机方面，患有抑郁症的人表现为社交退缩和自杀意向。调查表明，大约 2/3 的抑郁症患者表现出了社交退缩。如不见生人、不愿意出

家门，也不愿意见亲朋好友等。第三，在身体症状方面，抑郁症患者表现出无缘无故的疲倦，经常诉说头痛、胃痛或其他身体疼痛，并经常出现睡眠障碍，不是睡得过多，就是失眠。此外，还有因食欲不振导致的体重下降，运动、言语和反应迟钝等。第四，在认知方面，抑郁症表现为否定的自我评价、犯罪感和绝望。

而低自尊的人只有认知上与抑郁症患者相似，但其他方面，并没有表现出抑郁症的症状，尤其是情绪低落、社交退缩、躯体症状和悲观绝望等。低自尊的人具有不自信、无权力感和自我价值感的特点，对自我的看法不那么积极，但在行动和情绪上，他们是正常的。尽管快乐不如高自尊者多，但低自尊的人在工作上可能也会富有成效，家庭也能正常维系，甚至被周围的人喜欢。低自尊的人甚至更加愿意努力探索人生哲学或者是心理健康的知识，试图深入了解自我，战胜自己的低自尊。他们在通往心灵幸福的道路上努力前行。

抑郁症患者的核心问题是心境低落，而不是认知歪曲。一些抑郁症患者持有一些有关自我的积极看法，甚至在重要的领域对自己的评价并不低。一些想自杀的人，在认知上明确知道自己是一个富有的人，一个有才华的人，一个出色的、作品深受欢迎的音乐家或作家，但是，他们在情绪体验上依然觉得人生灰暗，心灰意冷。他们不会看不清自己的长处和财富，可偏偏感觉自己很糟糕、快乐不起来，痛不欲生，而选择了自杀。

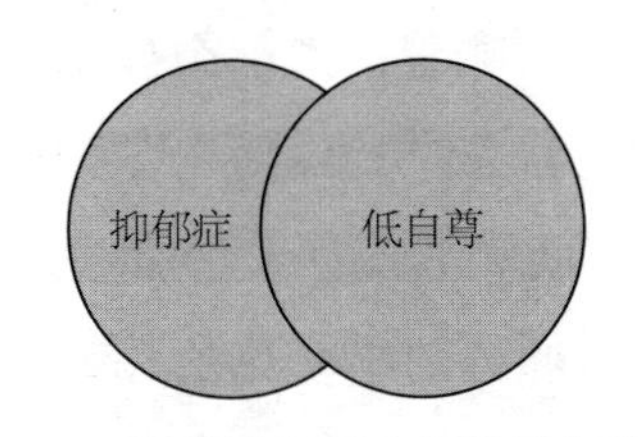

图 9-1　抑郁症与低自尊的部分重合

两者的关系见图 9-1，可

以看作是具有重合性的两个独立的圆圈：

抑郁症与低自尊之间相互影响

一方面，低自尊式的自我贬低、自责常常会影响或加重抑郁症的症状，导致一个人对自己失望与不满，更加不快乐。另一方面，抑郁症的情绪与大脑状态也会导致低自尊的信念，使一个人更加容易产生有关自我的消极的联想，如反省自己的缺点与失败，自责或自我批评。低落的情绪总要找一个貌似合理的想法来包装自己，使其呈现在意识中，而低自尊正好派上用场。因此，人们在患有抑郁症后自尊会明显降低。

我认为，现有理论夸大了消极认知对抑郁症的影响，相对忽视了抑郁情绪对消极认知的影响。

有研究表明，消极认知可能不是抑郁症的原因，而是抑郁症的结果。如果消极认知是抑郁症产生的原因，它应当发生于抑郁之前，并且在抑郁症好了之后，还会稳定地存在。但有研究发现，一旦抑郁症状消失，抑郁症与消极认知量表上的得分便不再有显著相关了[10]。可以就此推论，消极悲观的信念可能只是伴随抑郁情绪存在的一种症状，是由抑郁情绪所产生的消极联想。消极认知偏向也许会出现在抑郁的状态之中，但是这并不意味着，抑郁个体本身必然具有某种持续的、稳定的、认知层面的消极特质。

我和我的研究生周雅考察了大学生的归因风格与考试失败之后抑郁情绪变化的关系。所谓消极归因风格就是把失败归结为稳定的、永久的和自我方面的原因，把成功归结为暂时的、个别的和环境的原因。如认为失败是永久的、体现了自己的能力不够，而成功是运气，是暂时的。

结果发现，一般的归因风格与抑郁情绪变化之间相关不高，而获知考试失败后的即时归因与抑郁情绪变化之间却明显相关。也就是说，只有在某一次考试失败后，大学生才产生暂时的消极的归因。在考试两个月之后，度过了假期，大学生的情绪好转了，他们便不再有消极情绪，此时，消极的归因方式也不复存在了。

这一结果提供了另外的解释可能：与其说悲观归因风格导致抑郁情绪，不如说抑郁情绪中的消极情绪损害了认知，从而使人形成归因偏差。

抑郁症中的高自尊因素是治疗的资源

抑郁症患者可以分为两类。一类是临床的抑郁症患者，他们具有严重的抑郁症状，有厌世倾向，失去了工作的能力，甚至需要服药或住院。还有一类，虽然符合抑郁症的诊断标准，但是没有严重到失去基本的工作与生活能力，他们身上还具有一些积极信念。

虽然总体上，患有抑郁症的人持有有关自我更多的负面评价，但是，抑郁症主要体现的是情绪障碍，其认知中也存在着一些积极的信念。这些积极信念正是治疗抑郁症的重要资源。

小李今年初三,一直担任班干部。初一和初二时，他成绩虽然不稳定，但是还能跟上。上初三之后，老师和家长总是灌输中考很重要的观念，经常说中考是人生的最重要的转折点；说中考比高考还重要，只有进入市重点高中，才有希望上一本。小李开始熬夜拼搏，但因为智力水平和学习基础实在一般，他越努力，反而学习效果越差。开学后他的数学和物理成绩越来越差，全区大排名已经到了三千名之外。

小李开始失眠、食欲下降、恐惧上学，他在学校无法集中注意力，到家后只想在床上躺着。他被诊断为抑郁症，经过一段治疗有所好转，在朋友推荐下，他来到某心理咨询工作室。经过测试，发现他有严重的悲观、绝望情绪，低自尊和自我批评得分远高于正常人。他说自己是一个失败的人，其他同学都在努力复习，唯独自己掉队了。自己的现状就是一个无解的方程，自己的前途一片黑暗。

咨询师没有接着这个话题继续聊，也没有质疑他的观点，只是表示自己在努力听他说话。后来，小李转移了话题，开始聊起了与学习无关的话题，聊到篮球时，小李眼光发亮。这是谈话中他第一次表现出活力。他说他是学校篮球队主力，打中锋，并开始讲述他对篮球的兴趣和对 NBA 球员的评价，当咨询师问他对自己的篮球能力有何评价时，他开始滔滔不绝地说起自己在赛场上是如何重要，如何率领全队得了全区联赛的第二名。时间不知不觉就过去了一个小时。

我发现，在患有抑郁症的人内心中也储存了大量积极心理资源。传统的有关抑郁症的认知疗法理论过于关注抑郁症的消极认知内容，存在着“疾病偏向”。直至 20 世纪末，积极心理学产生后，才重新唤起心理学对人类心理积极品质的关注。积极心理学在承认心理疾病中的消极认知因素的同时，将视线聚焦于积极的心理因素和积极资源的挖掘上，旨在促进个人、群体和整个社会发展自己的优势与美德。

积极心理学认为，“减轻痛苦与增进幸福是两个独立的变量，完整的心理学应该既是减轻痛苦又是增进幸福的科学[10]”。在看待抑郁症等患有心理疾病的个体时，不再唯独看到他们身上可能具有的问题、缺陷、偏差与消极观念，而是把自我作为一个复杂整体，认为积极与消极的因素完全可以共存于同一个体。积极心理学使我们重新审视心理疾病。

在积极心理学看来，个体生来具有获得幸福的本能和不断成长的潜力。即使是经历心理疾病的个体，也有积极的品质与能力，相比于正常人，这些积极的品质与能力只是暂时受到抑制。积极心理学并不否认心理疾病中消极变量的存在，而是主张搁置消极、发掘积极。“积极资源的缺乏对心理疾病的产生有重大影响。”消极因素的消除显然并不能够帮助人类真正摆脱痛苦、谋求幸福。

基于这一理念，积极心理学将抑郁症解释为积极资源的缺乏。积极的认知“偏差”、积极的情感体验以及积极的意志行为共同构成积极资源。“心理健康并不纯粹是心理疾病等消极因素的免除，更意味着幸福体验与积极机能的激发。”同时，积极的体验与品质又将成为“抵御心理疾病最好的武器”。

大量研究表明，心理疾病中的消极因素与积极因素是相互独立的，有着不同的规律和运作方式。过去人们一直认为乐观和悲观是截然相反的变量，一个人乐观水平高，悲观水平就低，反之亦然。然而，如果乐观和悲观是相反的，那么两者之间的负相关应该很高。可对瑞典中年人的研究发现，乐观和悲观的相关系数只有 -0.02。美国老年人乐观和悲观的相关系数为 -0.27，中国人的为 -0.25[6]。积极心理学家塞利格曼（Seligman）在 2008 年一篇报告中提出，抑郁情绪与幸福的相关接近 -0.35，这意味着二者并不完全抵触，抑郁情绪常与幸福的贫乏共存。这些都说明消极与积极是独立的，可以共同存在，都有其适应意义。现实的生活中，人们是复杂的。有些人总是充满希望；有些人希望与绝望并存，并且希望与绝望常常相互更替，并不稳定；有些人经常绝望，例如抑郁症患者，属于临床人群。

马什（Marsh）提出的多维度多层次自我模型可以解释在抑郁症个体中存在积极自我评价的机制[7]。每个人都有一个整体的自我评价，即关于我是谁的一般判断，同时也存在着对于自己在某一特殊领域的具体表现的评价。虽然整体自我与特定自我有着层级关系，但实质上它们彼此相对独立。而且，在特定自我中，不同维度的自我之间也是互相独立的。具体而言，对于某一个体，他可能整体自我非常积极，而在特定自我的某些维度上相当消极；也可能整体自我异常消极，而在特定自我的某些维度上特别积极。"自我作为一个复杂整合体，积极与消极的因素完全可以共存于同一个体。"佩勒姆（Pelham）也提出，在自我体系中，积极与消极的信念及情感是彼此独立的，只是相比积极成分，抑郁的自我与消极成分有着更强的联结。但是，抑郁症个体至少在自我概念的一个层面上具有相当积极的评价与体验。我国研究者肖丰也支持此观点[11]，他曾要求正常学生、轻微抑郁学生、抑郁病人分别判断与自我有关的情感词汇，结果发现随着抑郁程度的加深，消极内容的比例也随之增大，这表明抑郁情绪确实与消极自我有着密切关系。但是值得注意的是，即使抑郁最为严重的被试，对于自我的看法仍然含有相当多的积极成分。由此可知，所有个体的自我体系都是由积极成分和消极成分共同构成，因而将抑郁个体与正常个体分别标以“消极自我”与“积极自我”的简单两分法是不恰当的，研究者应深入自我机制的不同维度，由此考察抑郁个体与正常个体在各维度上的差异。

佩勒姆等人考察了抑郁症患者是否也具有对自我的积极评价[13]，他们测试了抑郁症患者在特定领域的自我评价和一般性的自我评价。所谓特殊领域是指特殊的才能的评价，如“我是一个擅长音乐的人”“我打篮球特别棒”；而一般性的自我评价是指较为抽象的自我评价，如“我是一个受人喜欢的人”“我是一个得体的人”“我是一个有能力的人”等。

他们把被试分成四组，即没有抑郁的、轻微抑郁的、中等抑郁的和严重抑郁的。该研究采用的是与周围人相比的方法，即“你认为与其他人相比，你是一个得体的人”“你认为与其他人相比，你是一个有吸引力的人”，等等。评价统计采用百分位，如果是 50，意味着中位数，即与周围的一般人相比，不好也不差。

研究发现，在整体的自我评价上，非抑郁的被试得分高一些，为 65，轻微抑郁的人为 56，中等抑郁的人为 46，而严重抑郁的人只有 41，但在绝对值上，严重抑郁者的自我评价也不算低，严重抑郁症的人只是比认为自己不好也不坏的中位数（50）的人相对消极一些（41）。而如果考虑特殊领域的自我评价，那么抑郁的人一点也不自卑，非抑郁的人为 88 分，轻度抑郁的人为 85 分，中等抑郁的人为 80 分，而严重抑郁的人为 86 分。这说明即使是严重抑郁的人也会在某一个或某几个特殊的领域认为自己是出色的，与正常人相比，他们在特殊领域的自我肯定一点也不差，而且他们非常珍惜与重视自己在有限的特殊领域的自我肯定的评价。这说明抑郁症的人至少在某一个领域是具有积极的自我评价的，了解这一点对于治疗抑郁症很重要，因为这种积极评价是可以利用的康复资源。

我和我的研究生周雅[7]研究了高中生有抑郁倾向的被试与正常被试的整体自尊及其在特殊方面的自我评价的差别，发现仅在同性同伴关系、异性同伴关系、情绪稳定性、数学技能、一般学业以及整体自尊六个自我维度上，抑郁学生的得分较低，自我评价不如正常学生，而在体能、外貌、亲子关系、诚实、语文技能这五个自我维度上的评价上，抑郁学生与正常学生差异并不显著。尤为值得注意的是，在诚实维度上，抑郁被试的平均得分甚至要比正常被试更高。这意味着，抑郁个体在某些自我维度上能够持有相当正面的自我评价，这种正面评价甚至有可能比正常个体更加积极（见图 9-2）。

佩勒姆等人还研究了抑郁者在最佳自我评价维度上的表现[13]。我们知道，每个人都可能至少在一个方面对自己的能力或人格特质有着特别积极的评价。比如：一个在许多方面对自己不满意的人，可能唯独在口算上对自己持有非常积极的评价；一个经常认为自己一无是处的人，可能谈及诚实，会对自己有着非常积极的看法。

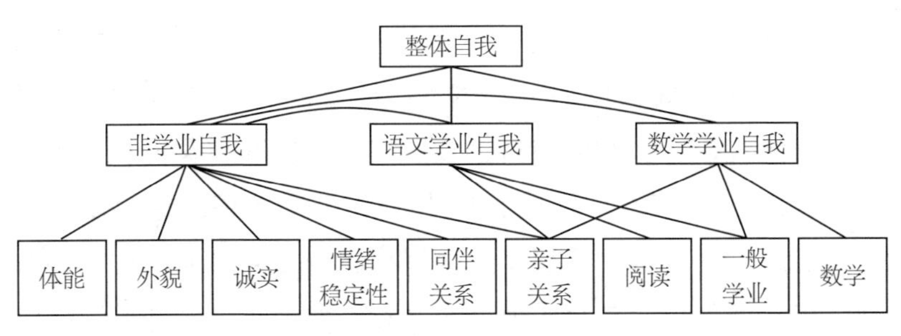

图 9-2　多维度多层次自我模型

他们同时考察了抑郁者在最佳自我评价维度上的归因方式，发现有抑郁倾向的人在许多方面会采取有损于自我的归因，即把失败归因于个人内部的、永久存在的和普遍存在的，把成功归因于暂时的、运气好的、个别的，他们夸大失败，贬低成功。但是在他们的最佳自我评价维度上，他们不会这样做。比如，一个有抑郁倾向的人如果对于自己的智力持有坚定不移的、非常积极的看法，当他解题成功时，就会做出有利于自我提升的归因，把成功归因于自己的能力，并认为解题的成功是可以持续出现的，在各项智力题目上，自己都会有好的成绩。也就是说，在这项特殊的自我评价维度上，他不会出现自我贬低式的归因方式。

还有人研究有抑郁倾向的人与正常人对他人评价的态度[13]，发现有抑郁倾向者比正常人更易寻求来自他人的消极反馈或评价。比如，有抑郁倾向的人总会问恋人："为什么你认为我在社交场合表现不好？""为什么你认为我是一个不努力用功学习的人？"但是，如果涉及到有抑郁倾向者的最佳自我评价维度，他们就会寻求来自他人的肯定评价或反馈。比如，如果有抑郁倾向者是一个有绘画才能的人，他就会说，我们为什么不在谈及学习之前，讨论一下我的绘画作品呢？在涉及特殊的最佳自我评价领域时，有抑郁倾向的人与正常人一样都主动寻求积极的反馈，愿意听到他人好评。这再一次说明，有抑郁倾向的人只是在一般的自我概念上评价较低，而在他的强项上，他有着积极的自我评价。

了解这一点对于抑郁症的康复很有启发性。为什么有些抑郁症患者能够自我康复？为什么在有些抑郁症患者身上，抑郁症并没有加重抑郁情绪，而是经过心灵的挣扎而得到了缓解？这可能与其在个别领域的积极自我评价有关。一项有关中等程度抑郁症患者的研究发现，抑郁症的康复程度与在最佳领域的自我的积极评价有关，一个患者越是能在某个特殊领域具有积极的自我评价，其康复的速度就越快。

有抑郁倾向的人通过贬低他人维护自尊

有抑郁倾向的人与低自尊的人一样，为了维护有限的、脆弱的自我价值，会经常采取向下比的社会比较策略。所谓向下比是指，他们通过贬低别人而获得情绪的收益，或者说为了减少痛苦，他们有时会通过有意地贬损他人来提升自我价值感。

佩勒姆等人研究发现，正常人能够客观、准确地评价他人[13]，他人也能相对客观地评价他们，然而，这种对等性不适用于有抑郁倾向的人。总体上有抑郁倾向的人在各个方面对他人的评价都较低，而他人对抑郁的人评价则较高。比如，有抑郁倾向的人经常抱怨说别人对待他如何不好、他人品行不好、他人不可信等。而周围的人则倾向于认为有抑郁倾向的人是一个好人、一个有礼貌的人，或一个诚实的人或有能力的人。

有抑郁倾向的人越是贬低别人，对自己的感觉就越好。佩勒姆等人的研究发现，在他们的最佳自我评价维度上，有抑郁倾向的人对他人的贬低更加强烈。

有一个研究，在有抑郁倾向的人和正常人与陌生人短暂接触后，让他们对陌生人进行评价，并测查他们接触陌生人前后的情绪变化。结果发现，无论有抑郁倾向的人还是没有抑郁倾向的人，在特殊的最佳自我评价维度上都存在贬低陌生人的现象，但是，只有有抑郁倾向的人通过这种贬低使情绪受益，也就是说，他们通过贬低别人来获得幸福感。正常人在贬低他人后情绪稍微变差了，而有抑郁倾向的人贬低他人后，情绪变得非常高昂，感觉好极了。

与低自尊的研究一样，这也把抑郁症的心理病因再一次指向了人际比较。

抑郁者更加需要学会增进积极心理

研究发现，抑郁症的人不像人们想象的那样整天全都充斥着对自己的负面看法，而是偶尔也有好心情。根据积极心理学专家弗利德里克森的研究[3]，抑郁症患者一天下来，想坏事情的时间多一些，好心情与坏心情的比例大致上为 2 ∶ 3，如果其中的一些人通过服药或心理治疗得到了治愈，则一天中好心情与坏心情的比例能达到 2 ∶ 1，这也是一个普通人的通常比例。这说明正常人在日常生活中也经常有坏心情或不好的想法，而抑郁症的人也有好的想法，只不过好心情比正常人少一些罢了。

每个人的心理状态都是复杂的，每个人的心灵活动中都包括正性的想法和负性的想法，一个人不是处于抑郁症式的绝望和极度快乐两个极端，而是经常处于两个点之间，即中间状态。因此，预防和治疗抑郁症的关键是让患者具备积极心理，增强积极心理的力量。

有抑郁倾向的人需要具备积极的错觉

积极心理学认为抑郁症的成因在于积极认知的缺乏。这种积极认知体现在正常人身上是一种认知上的“自我欺骗”倾向，心理学家称之为“积极错觉”。在现实生活中，正常人总是自我感觉良好，认为自己比别人更加聪明、更有魅力、人缘更好，甚至开车技术更好，认为自己更有可能经历许多积极事件（例如婚姻美满或是健康长寿），而不太可能经历消极事件（例如罹患癌症或是发生意外）。

80% 的美国人认为他们的社交技能落在正态曲线的右半部分，大部分人认为他们的工作表现好于平均水平，大多数开车的人都认为他们开车比一般人更安全，包括那些曾经出过车祸的人。我们并不知道他们的能力是不是真的处于中上水平，但是大多数人都认为自己比平均水平更强，这显然是个谬误。它揭示了一种人口中普遍存在的现象：我们看待自己的时候往往戴着玫瑰色眼镜。

总结起来，正常人至少具有三个方面的“积极错觉”。

（1）自我提升，即不切实际地将积极特征归于自己身上，比如，认为事情的成功都是自己的努力和积极的品质推动的。

（2）控制的幻想，即倾向于高估自己对于环境以及结果的控制能力，面对不确定时，首先想到的是自己有能力对付，相信自己的实力。

（3）不现实的乐观，即对于自我以及未来抱有脱离现实的积极期待。其实赌徒在某种意义上也是乐观的，他们总是高估自己的运气，相信命运之神会眷顾自己。对于低自尊或有抑郁倾向的人，有一些赌徒的气质是必要的，这能提升生活的活力。适度的积极错觉能够提供一种自我保护机制，对于心理健康大有裨益。

表达积极的情感

积极心理学将幸福体验解构为三种成分。

（1）愉悦感，包含三类积极情绪，即指向过去的积极情绪（满足、坦荡、自豪等）、指向未来的积极情绪（乐观、希望、信念等）和指向现在的积极情绪（此时此地的快乐体验）。

（2）参与感，是指对一切生活事件的高度投入以及因此萌生的内心充盈的积极情感。

（3）意义感，是指将自己与外在世界建立联结，使精神自我得以延展升华的积极情感。

研究数据表明，这三种细化的幸福体验也与抑郁情绪有着密切关系，例如，塞利格曼等人报告，确诊的抑郁病患者的参与感与愉悦感水平均显著低于非抑郁的精神病患（其他类型的病患）和正常被试。

积极心理学家认为积极情感贫乏与抑郁倾向之间很可能存在因果关系。这种解释源于积极情感本身所具有的扩展与建构

(broaden-and-build)的适应功能。一般认为，消极情感会通过缩小个体即时的认知和行为系统，在危急状况下帮助个体迅速组织应激资源，以免自身受到侵害，比如，一个恐惧的猫见到人时，必须时刻盯住这个人的举动，以判断对方是否会给自己造成伤害。如果发现此人走近，则转身逃走。

正好相反，积极情感却能扩展个体即时的认知和行为系统，促使个体突破限制、开放经验，进而建构起持久的心理资源，形成主观幸福感。如有研究发现，诱导积极情绪后，人们的创造思维、助人行为、幽默感和知觉的广度都有所提升[3]。积极心理学家相信，正是由于积极情感贫乏才使得个体无法建构起持续的发展资源，从而导致抑郁症。研究证明，经历更多的积极情感可以有效降低抑郁症的发病风险。

学会积极地行动

积极心理学认为，积极情感可以借助某些行为或活动来主动诱发。有抑郁倾向的个体在积极情感上的缺乏也就意味着他们在这些“积极行动”上的缺乏。积极行动可以是各个生活领域中各种性质的活动。它可以是行为性的，例如有规律的锻炼身体；认知性的，例如经常性的感恩；意志性的，例如为达成目标而努力奋斗。积极行动可以长时间地促进积极情感，尤为重要的是，由行动产生的积极情感，相比环境改善（例如彩票中奖）带来的积极情感，可以更加长久地保持下去。中彩票过后不久，人们就会对它带来的好感觉适应了，淡忘了，但是，积极锻炼或好的行为习惯带来的积极体验可以持续地得到发展，使人终身受益。

第三部分

应对低他尊者人际关系的苦恼

受人际关系影响并反过来调节人际关系的心理结构，我们称为“他尊”。所谓“他尊”是指相信他人对自己的基本善意和接纳，把他人感知为能够尊重自己、支持自己的人，而不是批评者、权威者和惩罚者。

他尊和自尊共同调节着人际关系，影响着一个人的交往风格，以及个体交往的动机和需要。他尊决定了一个人通过人际关系想获得什么，关系中他人的定位和价值。自尊则使人在关系中保持独立意志和自主，从而使人在人际关系中的亲密与独立之间保持平衡，将人际关系调节到和谐状态。

他尊与自尊的失衡导致人际关系中自我力量和联结力量的失衡与冲突，使人在联结时失去自主，在亲密时失去信任。太近了没有界限，太远了又觉得孤独，只有受自尊力量的帮衬才能使人与人之间保持适当的距离。

低自尊的人会出于维护自我形象而追求补偿，导致过度追求虚荣。如果一个人把他人的看法和评价看得过重，为了荣誉而损害独立自主，就会以虚荣为核心展开人生之旅。这个是我们在第十章要论述的内容。

他尊的关系苦恼通常与在关系中不能利用自尊来维护自我的独立有关。如果人们因为不能秉持人人平等的观念，而赋予他人过高权利，就会在交往中缺少成为真正自己的勇气，压抑自己的真实愤怒情感，从而产生表达抑制，屈从他人，损害心理健康。这个构成了第十一章的主题。

他尊的关系苦恼与不信任他人有关。如果人们缺少基本的人际信任，就会怀疑他人善意，把自己看别人笑话的心理投射给他人，形成对他人拒绝的敏感性，妨碍与他人的合作与亲密。这个主题在第十二章有所涉及。

如果个体出于与他人的对立而表现出高自尊，把他人当作看客，忽视他人与自己拥有一样的权利，以自我为中心，唯我独尊，就叫作虚假高自尊。虚假高自尊的根本问题是不能从他人角度看问题，极度自恋。第十三章中专门分析这类人。

第十章 戒除追求虚荣成瘾

王师傅在工厂上班，此人能说爱笑、为人热情，唯一的毛病就是爱显摆自己，尤其是喝点小酒之后，嘴上就没有把门的了。他妻子与他截然相反，平时不善言谈，对人较为冷漠，只喜欢钱。有一天，两人吵翻了天。原来，王师傅的发小因为家有急事向他借钱，虽然他根本没有什么钱，但是平时已经吹了牛，为了面子，只好找到自己的亲戚借钱。现在被妻子发现，差点与他离婚。

虚荣是指过于在意别人的评价，为了别人的好评而表现自我、损害自我的现象。

理解虚荣心有两个视角，一个是他尊的视角，另一个是自尊的视角。

低他尊视角下的虚荣成瘾

我二环内有房

现代信息社会，在市场经济和社会力量的强大控制下，人的自主性空间被极大压缩。在效率第一，利润第一的指挥棒下，无论是学生还是职工，外在成绩与绩效都成了衡量人的价值的重要标准，个人意见、个人情感不再具有价值，只有领导、单位、他人对你的承认与评价才决定了你的价值。这些外在评价构成了奖励与强化。

现在的人们衡量自己的价值时，主要标准是外在的，人们首要关切的是自己的外貌如何、过得如何、职位和收入如何。

对于一线城市来说，车、房和户口甚至成了主要的标准。人们真正在乎的是别人眼中的自己。

北京地铁上出现了一场令人开眼的另类吵架方式。

穿白色 T 恤的小伙子上地铁后，在地铁上大声喧哗打电话。

灰衣男子好心提醒："公共场合不要妨碍别人。"

白衣男子对劝说他的灰衣服男子吼道："你这个穷人在那里吵啥呢？你一个穷人。"

灰衣男子当场回击："对，穷人在吵。"（意思是说对方也在吵，所以对方也是穷人。讲得很有逻辑性的嘛。）

白衣男子似乎更不高兴了，直接扩大了辱骂范围，把整车所有乘客都列在了骂人范围内。

白衣男子喊道："这里面都是穷人，你不用在这里计较。"

灰衣男子不断反问白衣男子："那你呢？那你呢？"

白衣男子指着灰衣男子说道："你早上坐车你不挤吗？我不是穷人啊，我有车，今天限号。"

灰衣男子则说："我二环内有房。"

现在的年轻人吵架都不带脏字，直接比金钱和地位。现代生活中，牙齿和肌肉已经不再是竞争和人际比较的有力武器，人们比的是金钱、外貌、车子、房子、社会地位和权力。

争吵的人已经忘记了孰是孰非，唯一在乎的是吵架者本身是什么人，身份是什么，是穷人还是富人。

信息错失恐惧症

来访者小刘，今年上大四。他主要咨询的问题是无法控制自己不看微信中的朋友圈。自从用上了微信后，他不超过10分钟就会产生看手机的冲动，吃饭、课间、上厕所都会不时地看朋友圈，甚至骑自行车的路上都不时地看手机，并因此被路口值守的海淀大妈提醒了好几次：“喂，小伙子，注意前面的行人，都红灯了。”

我问他：“你总不停地刷朋友圈的目的是什么？你想从中得到什么？”他一下愣住了，好像从没思考过这个问题。想了许久，才回答说：“我好像就是想知道朋友们在做什么，想知道朋友有没有什么新鲜事。其实，同学、家人和朋友什么事也没有，就是晒晒自己的吃喝、摘录一些心灵鸡汤和发一些抖音上的搞笑片段。但是，我就是好像失控一样，时刻都想看这些朋友圈。有一次，我手机落在了阅览室，一上午的课都没有上踏实，六神无主，直到找回了手机。见到失而复得的手机，我真像见到亲娘一样。”

这种现象叫作“信息错失恐惧症”，也被称为“社交控”或者“信息强迫症”。这一概念在2002年首次出现在主流媒体上。其正式的定义为：“你错过了你朋友正在做或了解到的事情，或者你了解到朋友比你拥有更多或者经历了更美好的事情，这将使你感到焦虑不安。”有些人非常担忧错过他人的重要事件，或者缺席他人的某个经历，一旦不与他人产生联结和不知道他人在做什么，就会产生负面情绪，如焦虑、烦躁等。

智能手机使人与人可以进行随时随地地交流，人际接触变得极为便捷。这在传统社会是不可想象的。社交软件的使用可以轻易满足人们的联结欲望，但是也造成了新的心理问题。

有关调查发现，20% 的被调查者会每间隔 10 分钟就查看或更新他们的邮件、手机短信和在社交媒体软件上的状态，当要求被调查者不能使用手机时，绝大多数人会有很强的焦虑、不安全感以及生理上不适感。焦虑型人格与社交软件的使用频率和程度显著相关。

自我肯定取决于别人的肯定

追求虚荣本质上是低自尊者维护自尊的一种不健康的方式。他们出于不自信，而在他人面前表现出美好而优秀的一面，树立良好的自我形象。

虚荣者必须用低自尊 - 低他尊双重方向来解释，一方面，虚荣者对于自己在别人心目中的形象持有一种不自信的态度，害怕别人瞧不起自己，存在低他尊。另一方面，他内心深处又是真的自我贬低，具有低自尊。所以，他只好通过追求别人的好评来保持自己的良好形象。

一般人也追求荣誉，希望自己在他人心目中拥有一个高大完美的形象，但是在高自尊 - 高他尊的调节下，人们拥有自信，相信他人对自己是有着良好评价的，所以展示自己是适当的，在表现自豪的同时，兼顾一下炫耀给别人看。

虚荣者则缺少明确的自我评价，所以，就会通过他人对自己的评价来定义自我。他们把评判自我价值的权力完全交给了他人。他们的自我价值等于别人评判的价值，自我肯定程度等于别人对他们的肯定程度。这导致他们夸大了他人对自己的评价重要性，甚至把其重要程度等同于生命。

小刘是一家企业的会计。由于企业效益不好，小刘办理了提前内退，每月只有不到 2000 元的生活费。她花钱非常节省，买大米要买最便宜的，买青菜也得按一半砍价。可她对于别人的事情却表现出不合时宜的热情和慷慨，比如同事儿子的婚礼一般都会参加，甚至同事孙子的满月酒也经常应邀参加。她说，自己的那点收入随礼都不够。她也知道自己的收入水平，但她的问题是难以拒绝别人的邀请。她无法说出“不答应”。

小刘对我说，其实她不想活得这么累，但是从小到大的家庭教养和习惯告诉她要与周围的人好好相处，对于别人要有求必应。人不能为自己考虑太多，要多为别人着想。要让朋友满意、家人满意、同事满意、领导满意，这样自己才有存在的价值。

她还说，她经常有一些奇怪的想法：如果有一天自己躺在棺材里，前来参加葬礼的人多不多，他们会对自己的一生做出什么样的评价，会不会难过，会不会感恩自己，以及悼词会如何写。她还经常梦到自己的葬礼只有很少的人参加，自己孤零零地离开这个世界，仿佛从来没有来过人世间一样。

人人都有在他人心目中保有良好形象、获得别人的尊重与赞美的需要。适当地在乎别人的看法，有利于人际关系质量。尤其在传统文化中，在乎别人态度的人更加容易被人接纳，被认为是好人。相反，如果你完全不在乎别人对你的看法，我行我素，你就会不能根据他人的看法，适度调整自己的行为，你会难以保持与他人的联结和合作关系。

通过做出成就，让别人羡慕，通过与人合作，让别人喜欢自己，就没有问题。高自尊－高他尊者能以自己的立场为核心与他人交往，相信人人平等，在自尊和他尊之间保持平衡。在他们看来，重视、顾忌别人对自己的看法只是为了有利于克服以自己为中心式的一意孤行，能够与别人的观点达成一致，从而实现共赢。所以，他们能在坚持自我利益、立场和在关注他人的看法、利益之间找到平衡。既不会为了坚持自我而损害他人，也不会因为关注他人的观点而损害自己。高自尊－高他尊者不会出于维护自己的自尊而过度需要他人。对于他人基本上能做到不卑不亢、远近适当、分合自如，所以，没有追求虚荣成瘾的现象。

老张是一个离休干部，广交朋友，人缘非常好，离休后仍然参加社会活动，担任多家公司顾问。他今年过八十大寿，想到生命有限，要活得风光潇洒，要感恩支持自己的亲朋好友，让大家分享自己的高兴，于是他出钱让儿女张罗 50 桌的大规模宴席，让亲朋好友都欢聚一堂。他事先约法三章，拒绝任何形式的礼物，他就要摆这个谱，要这个面子，风光一把，开心一把。他虽然是要面子的人，但也是一个努力实现自己的这种需要的人，所以，他并没有虚荣心的问题，而是一个开心的分享者，一个善于表达感恩的人。如果我们把要面子理解为努力争得面子、提升自己在别人眼中的好印象，那么其意义就是积极的。

如果是出于维护自己的自尊心而要面子，其行为就会变味，表现为过于在乎别人的看法。如果通过追求他人的肯定和赞扬来补偿这种自我价值感的缺失，那么对来自别人的肯定的渴望将是无休止的，是僵化的、过度的，导致把获得别人的掌声和赞美当作是人生主要追求目标，其他的追求与需要都退居次要地位。我们把这一现象叫作追求虚荣成瘾。

对于他们来说，来自他人肯定的需要像一个无底洞，永远难以填满。正如莎士比亚的描述："轻浮的虚荣是一个不知餍足的饕餮者，它在吞噬一切之后，结果必然牺牲在自己的贪欲之下。"

低自尊视角下的虚荣心

矛盾的自我展示

著名作家乔叟将虚荣分为两种：一种藏在心里，一种显露在外。与之对应的，乔叟提供了相对应的救治方法，即谦逊。

虚假高自尊的人在表现虚荣方面一以贯之地张扬、外露，只要有机会就会赤裸裸地向别人炫耀和吹嘘自己，而且在包装和推销自己方面技巧高超，不学即会。

低自尊的人对于展示自我具有矛盾的态度。一方面，在低自尊的人的内心深处，出于对自轻和自贬的补偿，产生了想要表现自我、展示自我的强烈需要和渴望，他们非常希望获得别人的肯定和赞美，希望表现出自己的最佳一面。但另一方面，他们又害怕自我展示的不利后果，一旦真正来到聚光灯下，他们又会腼腆、惶恐。他们想出名，又害怕出名，对出名有一种因为过度重视而产生的紧张和纠结。

我的一位同事，课讲得很好。他追求名利和荣誉。以他的才华是很适合上抖音、做直播节目的。据我对他的了解，他内心非常羡慕有些同行成为网络红人，名利双收，但自己就是不行动，而且还经常讽刺那些做直播的同行，说他们为了名利出卖灵魂。其实，是他自己内心深处不自信，不敢投入，不敢做不熟悉和不确定的事情。

低自尊对于展示自我的矛盾态度，使得他们在展示自我、表现荣誉方面具有不稳定性。

他们展示自我要区分不同的场合。比如，如果面对的是不如自己的人，他们就自信满满，骄傲无比。他们努力向不如自己的人或者外行人展示自己的才华和魅力，因为他们知道这样做是安全的，不会受到讽刺和被挑错。有一个教授每次向外行讲专业知识时，都激情饱满、表达流畅，妙语连珠、幽默风趣，但如果面对的是同行和专家，他就会紧张焦虑、说话结巴、上句不接下句，说不了几句就想赶紧下来。

还有的人，与同事或朋友私下的沟通很顺畅，表达流利，大家都认为他幽默爱说。但是，如果有领导和单位开会等正式场合，他就仿佛变了一个人似的，表现出很拘谨的样子，这种判若两人的变化让大家感到不解。

此外，低自尊者展现自我时还要分不同的事情。低自尊的人与高自尊的人的不同在于，高自尊的人好像很有眼力，他们好像更加了解自己，知道在自己擅长的专业领域适时地展示自己。比如某一个工程师，从事飞机发动机设计专业，他会经常就各种先进的飞机的性能发表高见。无论是网络上还是私下聚会上，只要聊的话题是军事和飞机方面的事情，他都能很好地与他人分享自己的见解和知识，而在其他领域，他一向不会炫耀自己，比如旅游、收入等。

一个低自尊的人在展示自我方面显得非常业余，好像是一个缺少自我了解的人。比如，某一个低自尊的哲学教授，并不在微信朋友圈里晒自己的哲学见解，而是晒自己家中的装修、旅游和美食。某一个教育学专家在公众号上并不关心教育问题，而是关心民生问题。因为这样的自我展示面临的专业的批评和评价较少，即使受到批评也不损害到核心的自我价值。

害怕差评胜于追求好评

一个人如果主动追求自己的面子、主动寻求别人好评的话，他就会有一个努力的方向，给自己设立一个目标，预期达到这个目标后自己就会受到好评。比如，某人如果希望别人认同他的科研水平，他就会努力申报科学项目，努力做好科学研究，以期在著名的学术刊物上发表高水平的学术成果。这种为了好评和声誉而从事科学研究的大有人在。

人不是生活在真空中，追求名利和追求成就并不是相互排斥的事情，有时可以把它们很好地统一起来。学者也要买房，也要吃饭，也想要荣誉。我们不能苛求所有搞学问的人都要出于热爱和兴趣，都是出于理想和抱负。

所以，在追求成就和解决问题的过程中，夹杂着一定的虚荣心无可厚非，只要不追求荣誉成瘾，不将其当作核心和唯一的、僵化的目标就行。

低自尊的虚荣者在追求他人评价和虚荣的过程中，不仅存在着过度和僵化的问题，还存在着防御和保守的问题。

他们关注荣誉，却没有一个如何获得他人好评的具体手段和方案。虽然在口头上，他们经常谈论成功、荣誉和名利，然而，他们对自己的荣誉问题缺少长远的规划和管理，并且采取被动、敷衍和放任的态度。在具体的执行方面好像看不到他们的刻意努力和认真规划，看不到他们具体的高效率。

当好评和赞美如期而至时，他们虽然很高兴，但并没有在内心产生真正的触动和行为上的强化。准确地说，在高自尊者身上这种得到好评和荣誉后的巨大强化及其行为的动力，在低自尊的虚荣者身上并不存在，或存在的程度较小。

事实上，他们的核心追求可能并不是得到别人的好评和赞美，而是努力避免差评。虽然他们并没有意识到这个问题，但他们实际上就是这么做的。他们的根本缺陷在于，其行为、思维和情绪的核心围绕在如何不丢面子、如何不落后的保守目标上。在赛场上，他们好像一个偏重于防守的足球队，主要关心的不是如何攻破对方的球门，而是如何不让对方攻破自己的大门。对他们来说，与其关注如何得分，不如关心如何不失分。

想赢又怕输是一对矛盾。越是重视结果，就越倾向于采取保守的策略。比如，足球世界杯大赛上，往往小组赛更加好看，因为大家都关心如何进攻和进球，只有多赢球才能得高分，才更有利于晋级。而进入淘汰赛之后，尤其是进入半决赛和决赛后，比赛反而变得不好看了。尤其是决赛，球员把关注的重点放在不失球，或者对手的失误上，把防守放在首位。

低自尊的虚荣者就像进入决赛的球队一样，由于把面子看得过重，所以更加害怕丢面子。他们的注意力放在了防御上，即绝对不能让人瞧不起自己。他们相对不关心如何让别人瞧得起自己，不关心如何通过努力争得面子，通过行动实现面子，而是非常敏感于他人是否瞧不起自己。他们像保守的买股票者，买了股票后就没有开心过，因为他们炒股的主要目的不是赚钱，而是不赔钱。

那么，为什么他们面对荣誉和评价采取了一种保守和防御的策略呢？主要的原因就是缺少积极的资源。自我评价和自我肯定是最廉价的积极资源，因为它不需要别人或环境的输入，是事先储存和存在的，是每个人的人性中都具有的，它就在人的精神结构中。

高自尊的人自我评价十分积极，于是形成了较高的无条件的自尊和活力，也可以称为积极的自我资源。就像兄弟俩买股票。哥哥很小就开始在外拼搏，年纪轻轻，就积累了大量资本。他资金充裕，充满自信，所以买股票下单时毫不犹豫，面对股市的一时波动，也能镇定自若，对于风险与威胁具有较强的承受力。他的主要精力放在如何去营利或赚钱上，精力充沛，思维灵活。而弟弟是一个穷学生，囊中羞涩，缺少充裕的资本，买股票如履薄冰，生怕赔钱，股市一有风吹草动，就惶恐不安。他的主要注意力都集中于如何不赔钱，如何保住可怜的资金，难免决策僵硬，思维变窄。

先天的气质和后天的教养，造成了低积极资源者和高积极资源者的巨大差异。积极自我资源就像一个有关自我的正能量的储存仓库，为个体提供主动性和勇气。

这种积极的自我资源不仅使人充满活力，而且使人在受到排斥时具有勇气和刚毅，使人能够应对外界对自我形象的威胁，不会为了他人评价牺牲自我评价，不会过分追求虚荣，让外在评价吞没自己。

一涉及评比，心就发颤

许多充当人生导师的人都善于用下行比较来安慰人。比如在你不顺利时向你说："人要学会知足，你看，多少人还不如你啊，你虽然高级职称没有评上，但是还有多少人想进你这个学校当教师还进不来呢！"

那么，是不是经常进行下行比较的人更加幸福呢？心理学家发现，低自尊者和高自尊者不一样。对于低自尊－低他尊者来说，通过与比自己差的人相比会带来暂时的幸福感。但是，对于高自尊的人来说，可能并不存在这样的结果。当向高自尊者提及比较的问题时，他们会觉得这个问题有点陌生，如果不是有人提起，他们几乎忘记人际比较。也就是说，人际比较不经常出现在他们的经验中，他们只是偶尔才会想起谁好谁坏、谁强谁弱的问题。他们一般回答说，自己很忙，很充实，平时投身于各种活动中，很少有时间去与周围的人比较。他们的焦点不在自己身上。

对于低自尊者，这样诱导向下比的安慰可能有效，但一般只有短时的效果。因为这样做还是在人际比较的参照系下来衡量人的自我价值。无论是向上比，还是向下比，都是在进行比较，而只要进行比较，就会带来不快乐。

人们做事时，通常受两种动机的支配。一个是内部的动机，即想把事情本身做好，如出于兴趣而创作出好的作品，从事一项技术发明，把某个新产品设计出来。在这个过程中，人们的目标是如何解决问题，获得知识和收获，而对于自我的形象问题并没有多少考虑。研究发现，在内部动机驱动下的活动中，无论是低自尊还是高自尊的人都愿意与更加优秀的人进行比较，因为优秀的人可以提供成功的样板，提供更多有用的信息，接近他们或向他们学习，有利于自己解决问题。

还有一个是维护自我形象的动机，即展示自我、让别人喜欢自己的动机。做事时，人们难免会想到如果事情成功，人们会如何看待与评价自己，事情如果失败了，人们又会如何评价自己。

当人们受此动机驱动时，低高自尊者便显示出了行为反应的巨大差异。

斯宾赛（Spencer）等人以高低自尊者为被试做了一个实验[12]，他让被试参加一个访谈，访谈中要求被试尽量留给他人一个好印象。为了让自己表现好一些，他们可以事先听到两段录音片段以做参考，这两个片段记录了前人的访谈表现。在听过前人的录音片段后，他们要决定是否选择倾听前人的整个访谈的录音。在这两个前人的录音片段中，有一个反映了受访人表现得体、给人留下好印象的内容，另一个反映了受访人表现不得体，给人留下不好印象的内容。这时，无论高还是低自尊的人都会选择去听表现良好的那个受访人的完整的录音，因为这样做有利于自己的表现，可以得到更多的有利信息，学习更多的东西。也就是说，为了完成任务而不涉及自我形象时，所有的人都选择向上比，来达到自己的目标。

接下来，实验者改变了实验条件，让前来参加实验的人事先做一个自尊测验，以启动有关自我形象的问题的关注。测验中的问题是："你是否经常具有自我肯定的感觉？你认为自己是一个什么样的人？"当事先做了自尊测验后，高自尊的人仍然选择向上比较，选择那个表现良好受访人的完整的录音来听，而低自尊者的行为有了变化，他们选择向下比较，选择那些表现较差的受访人的完整录音来听。

低自尊的人一旦开始关心自我形象之后便不再自信。只要接触到了有关比较的信息，他们就开始变得敏感、紧张与焦虑。人际比较在他们心目中，与高自尊者心目中相比，具有完全不同的含义。人际比较意味着可能的失败及其羞辱，这种恐惧使他们不能面对现实，诱发了对于失败的害怕。所以他们通过选择去听那些表现差的受访者的录音来保护自我形象，倾向于通过向下比较来防御危险。

看来，对于低自尊者来说，尤其不能进入比较的频道上。只要一涉及人际比较，他们的情绪就变了味，就会打破他们的心理平衡，威胁到他们的自我形象。人际比较直接击中了他们的灵魂，要了他们的命。

他们的自我中充满了自我怀疑、自己不行、自己不够好和不够有力量、他人会看笑话之类的消极资源。一启动人际比较和评价，这些负性的资源就会自动地出现。看来，回到人际评价对于低自尊者来说，并不是一个修补和调节的机会，而是开启了心灵之魔的大门。

对于高自尊者来说，回归自我意味着回归积极资源

诱导人们对自我评价或对自尊的关注，对于高低自尊水平不同的人会有不同心理后果。关注自我评价使高自尊者精神获益，而使低自尊者惊恐、紧张。那么，高自尊者是否不为比较、自我评价所动呢？还是他们不仅不受这种比较的影响，反而因此增加了积极心理资源？

为了验证这个假设，心理学家斯宾塞等人做了一个实验[12]，让大学生在价值相接近的音乐CD中做出选择。研究者事先将CD根据其市场价值分成10个等级，然后让大学生在第5或第6级中进行选择，10分钟后让他们重新评估自己所选的CD的价值。

实验者假设在价值相近的东西之间进行选择会损害一个人的自我决定能力，不自信的人会对自己的选择产生怀疑，所以在第二次的评价中会产生合理化的防御，会有意地提高对于自己所选的CD的估价，而降低自己没有选择的CD的估价。其实，他们内心并不一定这样认为，他们只是防止后悔，以此掩饰自己做了一个糟糕的决定的可能。

在进行选择后，高与低自尊的被试都在十分钟后对所选的CD进行价值重评，发现所有的被试都出现了合理化的倾向，都对自己所选的CD高估，而对没有选择的CD低估。

接下来，又进行了第二种条件下的实验研究。这次是让被试在来到现场后，先做了一个自尊的测验，测验提醒了被试把注意力放在自我上，了解了自我的积极资源。研究发现，在诱

导了自尊的条件下，高自尊的被试重评时的高估水平下降了，甚至有些没有出现高估。也就是说他们对自己的选择更加自信，能够更加肯定地对待自己的选择，不需要借助重评的高估来掩饰可能的后悔。而低自尊的人没有出现这样的结果。

这个研究说明，关注自我时，高自尊的人利用这个机会修补可能的心理防御和认知偏差，回到自我概念有助于他们利用自己的积极资源来进行自我肯定和自我支持，使精神获益。通过自我关注，他们找回了自信，恢复了常态。

对于高自尊的人，挫折后的反省可能有利于应对问题，动员积极的自我资源。而对于低自尊的人来说，反省与自我分析可能无法达到这样的效果，挫折后的反省很可能具有相反的效果，即导致消极的心理反刍或者是穷思竭虑。

比较是偷走幸福的贼

在北方，退休老人总是通过“扎堆”以避免孤独。大妈们一般选择跳广场舞，大爷们一般爱聊天。一次，我路过大爷们聊天的地方，偷听了他们的聊天内容。我发现大爷们经常聊自己或别人的退休工资。

“老张是大校七级，退休金 18000，还有生活补助。”

“就属我们企业退休拿得少，我 40 年工龄，退休才开不到 4000 元。”

“老王副局退休开 9000 多。”

“老刘，你们事业单位退休开不少吧，你一个中学高级教师退休能开多少，不得 7000 ~ 8000 啊？”

按理说，退休老人应当看破红尘。孔子曰：“四十而不惑，五十而知天命，六十而耳顺，七十而从心所欲，不逾矩。”可时下有些老人们却根据退休待遇来定义一个人的价值，而且非常羡慕退休工资高的人，好像不具备老人的心智水平。

这个现象也说明，保持高自尊 - 高他尊对于普通人来说是异常困难的，这些人根深蒂固地要进行社会比较，对此“至死不渝”。

大学生小张和小李都选择了一个自己喜欢的人，小刘，作为寝友，而小刘喜欢小李，并不喜欢小张。如果小张是一个高自尊 - 高他尊者，就会通过利用自我肯定的资源来应对威胁，他会对自己说：“我是一个好学生，他不喜欢我没有关系，我还有许多其他朋友。再说过一年我就要毕业了，一切都会过去的。”

小张如果是一个低自尊 - 低他尊者，则缺少这种积极的自我评价和自我肯定的资源，不能有效地通过自我肯定来应对室友的威胁，他或许会对自己说：“我真倒霉，看错人了，无论我如何努力，小刘就是不会喜欢我，天天面对这个人真是烦心透了，恐怕没有人会喜欢我的。”

社会比较会冲昏一个人的头脑，使人失去理智。嫉妒就是典型的情形。嫉妒的逻辑是“我必须比别人拥有更多”，嫉妒发生时，嫉妒者完全失去了对自己价值的关注，他们好像不再看到自我价值，注意力都放在了他人拥有的东西上，好像出现了视觉上的盲点。嫉妒者的认知变得极为狭窄，只关注别人拥有而自己却无法拥有的这个部分，产生了极度的自卑和毁灭他人的冲动。

前些年，某一全国著名大学发生了一件令人难以置信的事件。心理学专业的女研究生小 A 和小 B 同时申请去美国读博士，两人同寝室，表面关系还不错。小 A 已经收到了美国某著名大学的录取通知，可随后，她发现小 B 的电脑上，也收到一个录取通知，不仅大学排名比自己的高很多，而且奖学金也比自己的高一倍。小 A 妒火中烧，发现四周无人，便以小 B 的名义拒绝了对方，说自己已经同意了另一所大学的录取。后来，小 B 得知此事，将小 A 告上法庭。小 A 不仅赔付了小 B 的重大经济损失，而且美国大使馆在得知了这一消息后，也将小 A 拉入黑名单。小 A10 年内不得申请美国签证，美国不欢迎这种不道德的人。

小 A 是损人不利己，宁可冒毁掉自己的风险，也要毁掉别人。

为什么劝导低自尊的人提升自信是无效的

为什么低自尊 - 低他尊的人往往进行病态的比较、羡慕与嫉妒，而高自尊 - 高他尊的人能抵御人际比较造成的消极影响呢？他们之间面对被评价时有什么不同呢？

斯宾塞等人做了一个实验来说明这个问题[12]。他们让大学生被试参加一个难度非常大的智力测验，被试被事先分成两组。第一组的指导语为“测验是实名的，测验后会立即得知测验分数”，第二组则告诉被试，测验是匿名的，之后会送到一个部门进行科研分析。测验后让被试估计一下自己智力测验的得分。

研究者假定，立即得知自己测验的结果会激活一个人的自我评价，导致自我形象的威胁，而匿名的测验则不具有这种效果。

研究者把第一组被试分为高低自尊两组，分开统计。研究发现，高自尊者常会高估自己的测验分数表现，明明得了60分，却估计自己会得70分。因为高自尊的人相信自己具有许多积极资源，足以抵抗自我形象的威胁。而低自尊的大学生倾向于低估自己的测验得分。他们认为自己表现一般，不会上60分，实际上，他们得了70多分。低自尊的大学生缺少积极的自我肯定的资源，无法应对自我形象的威胁，通过低估，他们避免了让自己失望，保护了脆弱的自我形象。

第二组是匿名测验，谁都不知道自己的分数，不涉及自我形象的问题。结果表明，低自尊者与高自尊者一样都发生了高估现象，产生了乐观偏差。

这说明低自尊者对维护自我形象问题十分敏感，非常在乎面子，只要有涉及别人的评价，他们就会产生情绪波动，就不再乐观地面对现实。他们采取自我保护的策略来努力维护面子，通过降低对自己的期望以确保不丢面子。

这种面对竞争、比较时的悲观偏差，并不涉及认知内容失真的问题，而是涉及如何看待来自他人的评价、如何解读人际关系的问题，是一个与他尊有关的问题。在此，低自尊不是问题的全部，必须借助他尊才能解释问题。

我们可以对低自尊的大学生说，你真实的能力很好，你智力优秀，要相信自己，你要客观准确地评价自己的能力，战胜自卑情结，但是，这种理性的劝导并不会产生长期的效果。

低估自己的表现，并不是一个认知歪曲的问题，而是出于对于在他人面前展示自我形象的不自信。在他尊方面，上述的低自尊者倾向于觉得他人可能不会给自己好评，而且他人会根据自己的表现来决定是否接纳自己，而不是无条件地接纳自己。

在自尊方面，出于一种自我保护的策略，面对竞争与比较，他们认为只有保持低调，才能确保不失面子，才能对自己的安全感有一个交代。

要想幸福还是要相信他人对自己的善意和接纳，提升他尊，同时，找到自身中的积极资源，做自己热爱的事情，提升自尊。

通过比别人好来提升自尊是不可靠的。

从关注自我转向关注目标

苏东坡积极乐观，在被罢官之后不仅成为美食家，发明东坡肉、东坡羹，而且写诗作画。

他特别反对荀子的一句名言："青，出于蓝，而胜于蓝；冰，水为之，而寒于水。"他讽刺道，有什么可比的，青和蓝相差无几，冰和水本是一家，偏要比出一个高低来，实在是自寻烦恼。

开发积极的自我资源并不能停留于语言上，而是如实地、带着珍惜之心去留心自己的目标和潜能，自己的价值是什么，自己的优势是什么，自己的人生梦想是什么，尤其是通过努力来实现自己的梦想，发挥自己的优势。

这个行动与实践的过程是非常重要的，它能带来新感受和经验，提升自己的层次，扩大自己的生活领域。

人生的最主要内容是有效地实现自己的目标和理想，而不是担心目标落空，将注意力放在如何实现目标与理想上的人比一味担心目标落空的人更幸福。

上述研究给我们克服虚荣成瘾打开了思路，那就是少一点自我卷入，多一些向外投入。

虚荣的人最好不要回归自我评价，不要启动人际比较联想，不要陷入自我反省，因为他们自我缺少积极资源，这种向自我的回归损害了他们的自信，引起了紧张与消极偏差。

不评价，你也可以活得很好

一个人最好不要经常在整体上和概括水平上去评价自我，包括好的评价。我们最好少去碰自我概念，也要少评价别人和世界。要以做事情为中心，而不是以自我为中心。

也就是所谓的没意见和接纳自我。

注意力要集中于如何把某一个具体的事情做好。通常当一个人做事失败或遇到挫折时，才转身去分析和评价自我，才会提出“我是谁”这个问题。但是，关键在于，对于低自尊者来说，回归自我的同时也意味着启动了消极资源。

所以，面对现实的世界，我们要善于“无言以对”。

“无言”说明一个人正在投入当下的行动，在默默地解决问题，而议论和评价则表明他还在徘徊、在犹豫，还在进行思想的争论，他还游离于真实的世界和行动之外，还没有从“知”落实到“行”。

埃利斯是认知疗法大师，他经常说一些心理健康格言，其中许多是围绕着拒绝评价自我、以事物为中心的[5]。

“我也许经常在思想、感觉和行为方面表现得很傻、很愚蠢甚至很神经质，但是这绝对不会使我成为一个愚蠢、无用，或是无能、可鄙的人，我绝不是做什么样的事情就会成为什么样的人，尽管我自己过去错误地认为自己是这样的。”

“我可以坚决地拒绝对自我、自己的存在、自己的本质或者自己的个性进行评价或评估，但是，我能并且也只会对自己的行为和表现加以评价。”

“我也将对我的生活状况进行评价，评价的标准就是看它们能否帮助我和我生活于其中的群体实现我们的目标，看它们能否维护我们的利益，但是我不会将我的整个世界或者生活评价为好的或是坏的。并不是整个世界都变坏了，只是这个世界的某些方面。”

“我除了有一点缺点和不好的倾向之外，我还有一些很不错的优点，但我并不能因此就说自己是一个很优秀的人。现在我应该从我的这些优点中得到乐趣，我应该利用自己智力上的天分发挥出自己更大的潜能！”

让成功的结果与个人优秀脱钩

在我们现实生活中，名利成为奋斗的主要目标，人们通常都看重成功的结果。

成功的结果固然很重要，比如，热爱钻研的科学家也重视实验的结果。把事情办成我们才有好心情。但是，从自尊的角度，我们不提倡将成功的结果与个人的优秀或个人膨胀联系起来，不要用把事情办成的标准来定义自我评价。

正如埃利斯所说[5]：“通过养成和保持一种对重要的事情的‘令人神往’的兴趣，我就能够体会到人生的变化、流动和丰富。也就是说，从我所做的事情本身得到乐趣，而不一定是出于什么其他的目的，也不是为了证明自己是一个多么优秀的人，我就会因为这个流变的内在乐趣和它给人带来的快乐而随它前行。如果这个乐趣能够在其他的方面给我和别人以帮助，那就可以算是意外之财。”

“我将会尽力去让自己做几件能让自己快乐的事情，但是我不会让自己对某种思维、感觉和行为上瘾，要是我身不由己去做某件事情，我将会对此深恶痛绝。”

“如果我不努力使自己不再像以前那样不安，不努力使自己遇事更加坦然，我就实现不了自己的梦想，相反我还会使自己变得更加不安。”

“尽管我很喜欢那种知道自己在一些重要任务上表现得很有能力和效率的感觉，但是这并不能使我成为一个很有能力或是很优秀的人，没这样的事情！我会去提高自己在某一方面的技巧，而我这样做主要是因为我能从中得到快乐并能获得好的结果，而不是为了证明自己很优秀。”

我们要重视人生的追求过程，追求体验的丰富和创造性，勇于变化和创新。

从控制注意力开始

控制自身的注意力，将注意力转向外界。

人的注意力资源是有限的，同一时刻人们要么注意外部事物本身，要么注意自我的得失。低自尊的人特别需要控制自己的注意力，培养外向的能力，不给自己留有关注自我评价的机会。

善于自我管理的人并不只是通过励志进行自我鼓励，而是学会了管理注意力的技巧。著名的推迟需要满足的软糖实验中，能够推迟需要满足最终得到更大的奖励的孩子，并不是直直地盯着糖果告诉自己不能吃、要忍住的人，而是能转移注意力的人，他们中有的数数糖果，有的去玩别的玩具，远离糖果。结果时间过去了，他们战胜了诱惑。我们可以通过练习瑜伽、正念来学会控制注意力，让注意力远离个人的自我荣誉，专注于审美、探索、钻研和技能的提升，发现客观事物的美好。

相信他人的善意

克服虚荣成瘾还有另一个路径，即提升他尊。减弱对成功和对自我形象的关注，去相信和寻找他人对自己的善意、尊重、接纳和关心，反思自己有关他人的歪曲的消极表征并调整它。

让我们把一部分精力放在如何与他人联结中，好好地享受来自他人的馈赠与关切，同时给予回报和感恩，学会共享的快乐，而不仅是独处的快乐。

第十一章 不再屈从与委屈

人际交往中的屈从和委屈与人的权力地位和支配、顺从有关。体现了人们对社会地位的感知和体验。

低自尊－低他尊不仅导致自我评价低，而且在人际关系中，把他人看作是比自己更有权力的，有意无意地使自己处于劣势的地位，或无权力的地位，不合情理地屈从他人，并由此产生委屈感。

屈从与委屈的不同

有两个相近的词，表示人们在人际关系冲突时，压抑自己的真实感受和愿望的过程。

第一个词是屈从，屈从是行为的。屈从反映了一个人在他人面前的心理弱势，是指被他人的气场所压制的人际现象。屈从在某种程度上违背了自己的本意，压抑了自己的真实的愿望或动机，在行为上迎合了别人的指令或要求。屈从的反义词是本真、自主与自发。

第二个词叫委屈，委屈是情绪上的，是指抑制了自己的真实感受，感觉到自己反对了自己，主要表现为憋闷、窒息、无力，即情绪表达受到了抑制。尤其是愤怒情绪得不到适当的表达时，明明想骂人，却堆出笑脸，明明火冒三丈，却对自己说要控制情绪。

上述两个词通常与不能适时表达愤怒和敌意有关，只是意思稍有不同而已。

一味地顺从别人，压抑自己的真实需要和情感，其情绪的代价就是委屈，觉得自己对不起自己，辜负了自己。所以，委屈或屈从后，人们的情绪非常糟糕，充满了耻辱和抑郁，或者是长时间的愤恨。

屈从或委屈经常与人际冲突有关。

与人接触不可能总是心平气和，一派祥和。人与人之间总有利益、立场和习惯不一样的地方，难免会发生分歧和冲突。应对人际冲突要求合适的智慧和技巧，如恰当的说话方式，这种恰当表现为既不伤害他人，又表达或者维护自己的立场，在不伤害对方的基础上，合理地维护自己的观点，忠于自己的感觉和情感。情绪上不愠不怒，态度上不卑不亢，行为上不远不近，认知上不偏不倚。

与他人建立平等的关系必须以高自尊或自信为基础。平等的关系是以自主与合作的平衡为前提的。在这种关系中，首先，要体现个人的权力，即个人的主体性和自主性。在关系中，一个人有权力表达自己的愿望和需要，有资格表达自己的独立观点和立场。其次，在勇于阐述自己的主见和立场的同时，也要兼顾合作的意愿与归属的需要，做出尊重他人的姿态，甚至为了兼顾他人的需要，随时调整自己的观点和立场。所以，正常的人际关系是有分有合的。

低自尊－低他尊的人在两个方面同时受损。一方面缺少自我力量，容易受别人影响；另一方面与他人的关系纠缠不清，界限不清，不是过度依赖别人，就是怀疑他人，回避他人，或者不合时宜地在依赖和回避之间摇摆。

王老师因为某件事情与张老师争执了起来。王老师戴着一副近视眼镜，一看就是一个书生气十足的老师，而张老师是体育大学毕业的体育老师，人高马大，一看就是北方性格粗放的女人。王老师很少与人吵架，属于那种一争吵就先把自己气晕的那种人。这一次，王老师实在说不过对方，就随口说一句："胡同里出来的人，真没有教养。"张老师当着众人的面，指着王老师的鼻子大声说道："你说什么呢？你再敢说一遍，我抽死你，信不？"王老师正在气头上，刚想接着话茬说："我就说你没有教养怎么了，你敢把我怎么样？"却突然感觉到一阵恐惧涌上心头。张老师高大强壮的身躯就竖在王老师的前面，她心里快速地浮现一个声音："万一她真抽我怎么办？"于是，她低下了高贵的头，像一个斗败了的公鸡，走开了。

回到家，她久久不能平息自己的情绪，大脑中总是回放下午的可耻镜头。耳畔总是浮现出这样一个声音："我抽死你，我抽死你。"王老师对我说，事情过去了一年多了，可每次只要见到张老师的人影，她就会想到当初可耻的镜头。没想到的是，张老师还当上了后勤副校长，自己出差报销，还得找她签字。王老师对我说，她都不想上班了，想换一个工作。但又没有这个能力。

王老师的问题在于不敢表达自己的攻击与怨恨，心理学上叫作情绪表达抑制，即通过压抑自己的情绪表达来管理情绪，如明明是愤怒的却装出一副笑脸，表里不一。

出于某种恐惧和压力，她抑制了自己的本真的立场，背叛了自己的真实情感反应，采取了与真实情感无关甚至是相反的外显行为。"走着走着，就背叛了初心。"而她付出的精神代价就是长期的抑郁。

还有一种屈从是害怕别人的消极评价或担心自己的形象受损，而违背自己的初心。

张教授指导的研究生毕业论文明显比其他人指导的研究生水平高一些，从选题到实验设计都很出色，也得到了评委们的高度评价。大多数评委和他本人都同意给他的学生评为优秀，然而评委李教授却出自个人的偏见不同意评优。本来张教授可以坚持自己的意见，表明个人观点，然而，他却把此事想得过于复杂，觉得如这样公开为自己的学生说好话，争名誉，不妥当，自己指导的研究生应当由别的专家来评说。可在场的其他评委看到李教授明确反对评优，也都不说话了。张教授本意是坚持为学生讲两句公道话，但话到嘴边，却变成了“那好吧，既然大家都说评不出三六九等，我也没有意见。评语都写良好吧”。

但是，答辩会结束后，张教授却特别后悔，觉得刚才为什么不坚持己见呢？自己研究生的成就是明摆着的，谁都可以看出来，为什么不坚持维护自己的主张呢？为什么要口是心非呢？

张教授的问题在于不敢维护自己的权利。遇到意见分歧时，首先考虑的不是原则性和公正性，而是先考虑个人会遇到什么风险，个人是否会遇到差评，个人是否会丢面子。最终，他选择了维护自己在别人心目中的形象。可这样做，使他失去了本真的我，失去了原则和立场，付出了巨大的精神代价。

正如精神分析学者霍尼所指出的，这种人不敢固执己见，对人不敢指责批评、有所要求，不敢发号施令，不敢突出自己，不敢有所追求。他们的生活完全是以他人为重心的，有时因为认为别人更加重要而压抑自己的个人爱好或真正想做某事的要求。这样严格地限制自我取悦，不仅使他们的生活极度贫乏，而且也增加了对他人的依赖性。

屈从别人往往会损害自身利益，而不屈从则会彻底得罪他人，所以，低自尊的人经常在应当顺从他人，还是独立于他人的问题上发生冲突。

王莉今年高三，学习成绩优异，考试成绩经常是全年级的第一名，因为上学压力大前来咨询。她内心非常好强，所有精力都放在学习上，没有业余爱好。她不善于与人交往，每天上学都感觉到紧张疲劳。我开始以为是单纯的学习压力大，但是，询问后，发现她完成作业没有困难。她是由于人际关系压力不想上学。由于担任学习委员，老师器重她，让她帮助一下其他同学，于是，周围的同学经常向她借笔记、抄作业或问问题。她内心的真实感觉是，如果自己借给同学笔记或作业，同学成绩就会与自己一样，甚至可能超过自己。可不借吧，同学责备的目光和不屑一顾的表情、老师的压力，又让自己受不了。回答同学问题的感受也是同样如此。如果对每个同学的问题都回答吧，不仅耽误了自己的宝贵时间，而且他们还会问自己更多的问题，内心实在不想给他们解答。可不回答同学的问题吧，他们又会觉得自己自私、冷漠。

王莉整天在这种纠结的情绪中上学，身心疲惫。

照顾型的依恋关系

屈从的人有许多委屈的经历。在童年成长过程中，他们常常不得不面对强大而专制的家长，从没有发展起来人人平等、独立做主的信念，也缺少发展出维护个人独特的权利与自我价值的机会。无权、无奈、无助的经历使他们认为，自我的价值主要系于别人的评价与肯定，这种“你强－我弱”的关系内化成为性格后，就会在成年以后形成恐惧他人的倾向。他们的口头禅是“我又能怎么样”，好像自己没有选择的权利。

张峰在家中排行老四，自从有记忆以来就非常恐惧父亲。他的父亲是一个高大威武的军人，性格倔强生硬，因为一些缘故被降职处分，转业到地方。由于在工作中不顺心，加之夫妻关系紧张，于是父亲便把负面的情绪带回家中，每天下班就拉着一张长长的脸，很少有快乐轻松的表情。张峰成了父亲的出气筒，父亲每天都挑他的毛病。虽然张峰学习成绩优秀，但父亲说他从不做家务活，又懒又馋。每天只要听到父亲进门回家的声音，张峰就惊恐万分。即使是没有犯什么错误，也感觉好像时刻要有灾难发生，随时要挨批评与惩罚。他从不与父亲说心里话，也从不敢对父亲说一声“不”字。比如，他中考因为过于紧张而失常发挥，委屈地在床上哭，父亲不仅没有过去安慰他，反而责骂他没有出息，说他这点小挫折都承受不了，将来能干啥。由于他从不敢表达自己的委屈，所以只好转而攻击自己，认为自己确实无能又软弱，应当坚强起来。压抑自己真实的感情和意愿在他的生活中已经成为家常便饭。而作为自卑感的补偿，他在学校非常用功，想争第一，为父母争光。但内心深处，他具有强烈的空虚感，这导致他感觉不知道自己是谁，自己真正想要的目标究竟是什么。

张峰的父亲已经去世多年了，可这种经历好像印刻在了他的灵魂中，变成了自我的一部分。他不知道还有其他的自我，因为这是他学会的唯一的成为自我的方式。也就是说，即便是现实中这种不健康的亲子关系消失了，但这种童年的亲子交往的病态的动力关系保存了下来，被消化吸收，内化成为自我的一个部分。

我和博士生李昂扬研究了小学生的混乱型依恋问题[8]。所谓混乱型依恋是指儿童对依恋对象（抚养人）既趋近又回避的矛盾心理特点，是一种与心理疾病密切相关的不安全依恋关系。混乱型的关系经常发生于贫困的、父母离异、离世、外出务工、入狱或工作压力过高的家庭环境中。

混乱型依恋又可以分为两个看似相反的类型，一个是敌对型，另一个是照顾型。

敌对型儿童在依恋关系中表现出对父母的不信任、敌意与羞耻等心理特点。他们不信任父母的能力，对父母有抵触，不愿与父母亲近，在与父母互动中表现出能量更强的敌对与反抗行为，如生气、脾气暴躁、激动、闹别扭等。

访谈中，我们发现，这类儿童在描述自己的情绪和与父母关系时，经常使用的词汇是：生气、不好、发脾气、暴躁、恐惧、激动、不安、郁闷、愤怒、吵架、离婚、离开、喝酒、挣钱、责备、压力、伤害、发脾气、控制、打架、动手、吓人、怨恨、受不了、闹别扭、不公平、紧张、孤独、担心。

敌对型儿童在冲突情境中不会努力去调节愤怒情绪，容易出现逆反、敌对、暴躁易怒等外化问题。一般来说，他们不易受低自尊问题的困扰。

照顾型的依恋模式在依恋关系中则相反，呈现压抑、照顾、讨好的心理。这种模式下的儿童出现的是委曲求全、难受、压抑、照顾、委屈、保护父母的情绪和行为。

一方面，他们同样不信任父母的能力，认为父母是脾气暴躁或软弱无力的，但另一方面，又觉得自己不能令他们伤心，要忍受这一切，扛下这一切。他们对自己的家庭生活中的情绪描述是：伤心、受伤、委屈、难过、着急、吓人、悲伤、心疼、恐惧、不安、忍受、困扰、无助、痛苦、操心、懂事、孝顺等。

与敌对模式儿童不同，照顾模式的儿童认为父母是需要被照顾和保护的，并且希望自己能够在家庭中或主动或被动地承担成熟的角色。在依恋模式上，这类儿童会主动地抑制自己的消极情绪，压抑烦恼，不轻易向父母吐露自我烦恼，“难受”情绪也会自己化解。他们认为自己应当是一个成熟、懂事的人，甚至会牺牲自己去满足父母的需求，对父母的担忧和考虑多于对自己。因此，照顾型儿童以讨好来迎合父母；同时，为了维持成熟的形象，会努力抑制愤怒，而这以牺牲情绪健康为代价。

遇到来自父母的冷漠或与父母发生冲突，照顾型儿童通常会找自己的原因，不责备父母。如某个经受父亲责骂的女生说：“爸爸虽然骂我无用，但我不觉得他真那么想，爸爸不是真的不爱我，只是没有工作。我爸爸喝完酒之后有点像一个小孩似的。”

还有一个女生说：“我爸去那么远工作也是为了挣钱，为了供我上学。我有一次没考好，妈妈就要我出去罚站，我考好点就好了，就没有罚站了。”

“我有时会想，爸妈因为学习不好骂我打我，也是为了我好。我心想，他是我爸，不能不听他的话。”

其中一位说：“我想当大老板，首先养活我家人，挣钱给爸爸妈妈花。”

“妈妈罚我，我会在心里说‘妈妈对不起，明天我会努力’。”

一位照顾型的学生说：“我妈就是记工作的事就能记得特别清楚，但我的事就经常忘记，小时候，有一次放学她忘记了接我回家，我等了两个半小时她都没来接我。”

访谈者问：“你生气吗？”他回答：“我不生气，没有事，别人都是第一，我也是第一，我倒数第一。”

“我妈打完我的时候，我会恨她，但是有的时候就不恨，毕竟她是我妈。”

“有一次与同学打架，我妈知道了就骂我，说话特别难听，我发现我就很能忍，别人好像就不忍。”

此外，照顾型儿童遇事爱自己担，不愿意求人，这个也和他们不信任他人有关。有一个受访学生说：“我从不求他们。因为父母自己也有一些事，他们自己的一些小事都不找我，我为什么要找他们？”“小事就不用太麻烦他们。”有一个男生也这么说：“小病我就不跟他们说了，然后自己病如果严重的时候再跟他们说。自己解决困难，不给父母添烦恼。”

还有一位受访学生描述：“有一次还没开学，家里面烧的锅炉，但是我很冷，就拿来一个可移动的暖气，发现暖气有一个轱辘掉了，我一绊它就砸到我的脚，给我的脚砸青了。我也没哭，就觉得还可以，能忍受住。然后就去爸妈那屋找东西，我妈看到后问我脚怎么了，我说没有事。”

照顾模式的父母通常无法给予孩子足够的安全感，甚至会将父母本身的不安和压力传递给子女，而这些压力是儿童和青少年无法承担的。因而，这类儿童会有恐惧和害怕的情感，害怕遇到冲突。他们坚信父母是无助的，遇到困难挫折相信父母往往无法为其提供庇护，需要靠自己解决。因此，照顾模式的儿童经常出现的心理问题是与低自尊有关的，如焦虑、抑郁、压力等内化问题。

访谈过程中，照顾型儿童很少与访谈者进行直接的眼神交流。一些儿童在访谈开始之初，会表达出他们在情绪上的乐观积极，但是随着访谈涉及父母关系、家庭等，他们的情绪会变得比较脆弱和悲伤，在访谈后期普遍出现哭泣行为。此外，与班主任的讨论发现，照顾型儿童在学校情境中表现的特征是不主动与他人进行交流，在日常需要眼神交流的情境较少注视对方。

压抑自己、屈从他人通常会导致自主动机与归属动机的基本冲突，导致自我的紊乱，会对人的心理健康产生严重影响。正常人在心理发展过程中，会发展出较为清晰的自我概念，对于什么是我的权利、我的需求和我的目标、信念、感觉、喜好和态度具有较为稳定和清晰的信念，这构成了相对稳定的自我感。“我就是我自己，不是别人。这就是我的立场，我以自己为中心看待这个世界。”同时，他们深信他人也是与自己具有同样权利的人、平等的人。形成“我好－你也好”的信念。

以积极自我和积极他人为核心展开人生的学习、交往和生活，可以叫“适当的自私”或者“适当的自我中心”。刚开始接触这种人时，他们有些刚硬，有些小脾气，但时间久了，你会发现他们真诚与爽气。相反，一开始给你好印象，处处讨好你的人，有可能时间久了，你就会发现他们的冷漠与狭隘。

过于考虑别人的想法、赋予别人比自己大的权利，就难以发展出自我的整合感和一致性。他们的自我结构是非常不稳定的、易破裂的。当周围具有强大心智的人以一种强势的力量向他们推销自己的想法、信念或感受时，他们确信，自己的核心想法、信念都可能被此人替换，强大他人的自我会取代自己原本的自我。在这种情况下，人们会感觉到原本的真我会被其他人改造并变形，造成原本的自我消失不见或不复存在。这种对于自己的原本自我的稳定性的焦虑，或者对于原本自我被他人给变形的恐惧，被称为存在性焦虑（existential anxiety），或者叫作本体的不安全感（ontological insecurity）。它是基于心灵和生命深处的不安全感[14]。

这种根本性的不安全感意味着对人的自主性的摧毁，使人无法维护自己的真实想法和感受，捍卫自己的心理界限。自主受到损害的人必须抵抗他人带来的影响，为此，他们要避免与他人过于亲近，不能暴露个人的想法和感受，避免太过专注地倾听对方的观点，避免感受对方的情绪，或者应许对方的愿望，因为亲近对方会危及自己的存在，极大地损害自己的自主性。有时，这种对他人的侵入的恐惧如此之强烈，使他们不得不避开所有的人。可是，回避了他人、失去了与他人的联结，又会造成强烈的孤独感。这样就形成了一个生存的冲突，维护自我、保存自我不破损的努力会损害联结的需要，产生孤独的焦虑，而与他人联结和交往又损害了自主的需要，引起受侵入的焦虑。真是进退两难。

社交恐惧症与吞没性焦虑

社交恐惧症的外在表现是当一个人在众目睽睽之下，或者在陌生的社交场合时，会心跳加快、脸红出汗、大脑空白、前言不搭后语，并且产生逃避社会交往的倾向，其背后的心理机制远比情绪紧张复杂。

从自我破碎或自我瓦解的角度，我们可以重新认识社交恐惧症。社交恐惧症所代表的不是一般的恐惧，而是深入骨髓式的深度焦虑，这种恐惧会吞没整个人，让人窒息，无法动弹。

一位患有社交恐惧症的来访者对我说，他对人的恐惧来自小时候的经历。他的父亲是一个非常严厉的人，发起火来面相非常凶，尤其那双犀利的眼睛，射出一股吞没自己的寒气。当他训斥自己时，自己无地自容。父亲像一个巨人，自己就像一只蚂蚁，父亲像一堵墙，而自己比墙下的小草还卑微。在他面前，自己一丝反抗的想法都不会闪过，因为自己已经完全被压制了，整个感觉被他充满，没有任何思想和感受的灵活性，没有任何容纳其他想法的心理空间。

从存在性焦虑的角度分析，经历过社交恐惧的人已经产生自我轻微分裂。面对力量无限大的他人，他们的自我已经瓦解，不再有自己存在的感受。他们的自我的核心被他人掠走，作为主体的我，已经被他人反转、变形，丧失了基本的掌控和主权。

自我破裂的人，心灵一片空白。注意力僵化地集中在他人身上。一次，我去外地讲学，接待我的人似乎有社交恐惧，他陪我吃饭时非常紧张，所有注意力都在我身上，而对身旁的夫人视而不见，饭后他开车送我，完全忘记了夫人的存在，车开出很远时，他接到了夫人的电话，才发现把夫人落在了饭店。他的灵魂被我“偷”走了。

恐惧可以分为不涉及自我整合、不导致自我破裂的一般性恐惧，如害怕虫子、怕黑，或者害怕考试，一般性恐惧令人可以承受，只导致轻度的、可调节的难受情绪。而导致自我破裂的恐惧都是威胁生存的、损害根本价值的恐惧，令人不知所措，情绪崩溃。

社交恐惧症的本质是用“第三只眼睛”看自己。在社交场合，正常人要么眼睛盯着别人，观察并揣摩别人心思，要么关注自己的感受，思考自己应当如何应对。更多时候是这两个过程交替出现，即关注自己和他人，并做出调整。而社交焦虑的人的注意力或目光不注视他人，不去观察和了解他人的感受，也不关注自己的感受。他僵在那里，什么也做不了，所有关注点都集中在一个安装在他人身上的恶意评价上，担心他人对自己的消极评价及其后果。

一位来访者说，他在演讲的开头讲了一个笑话，但观众并没有笑，而是冷静地看着他。他把别人的安静理解为不怀好意，立即浑身出汗、注意力无法集中于演讲上。他开始觉得自己很失败，观众在嘲笑自己的智商，选了这样一个不好笑的段子。其实真正的原因是同学们多是南方人，无法感应北方人的语言幽默。

社交恐惧者把这种虚构的他人负面评价和态度当真，从不怀疑，从而产生卑劣感和羞耻感。他们赋予他人责备和贬低自己的角色和权利，放弃了自己做人的权利。他们虚构了一个完整戏剧，剧中，分配给他人的角色是裁决和审判，而自己的角色是被裁决和被审判。

不止于此，社交恐惧者还形成了回避他人的习惯。最初的人际创伤形成之后，令人无法承受的交往痛苦会使人本能地保护自己，而免于痛苦的最佳也是最为容易的方法就是回避他人，离群索居，把自己封闭在小屋中，获得安全感。但，离开了与人的接触会导致更加严重的社交恐惧症，从而形成恐惧－回避－更加恐惧－更加回避的恶性循环。

人人平等并非某种理念

与他人接触是世界上最容易也是最不易的事情。人的大部分心理痛苦都来自人际关系。其中，谈话的技巧和表达方式不是最为重要的，最困难的是人人平等的理念的执行与落地。

读者可能说，人人平等还不容易吗？小学到中学，老师和家长经常说人人平等，要勇于表达自己的意见。各类教科书中也在倡导，人生而平等，不分贵贱，每个人都有做人的基本权利。法律也规定，法律面前人人平等，个人财产权和生命权神圣不可侵犯。

然而，落实到对人的感受和体验的层面，面对各种角色、各种个性和各种年龄的人，能够做到人人平等交往的简直是凤毛麟角。根据我的观察，我们只有面对老人和孩子等弱者的时候，才容易做到人人平等。

来访者小李，与同事关系都不错，尤其是和新来的员工和下属。他为人热情，乐于助人，但是，他有一个克服不了的心理问题，怕领导，尤其是直接领导。在电梯上、走廊里，只要与领导见面，尤其是一对一的碰面，简直就是灾难。小李会惊恐万分，僵在那里，不知说什么好。一次在卫生间见到单位一把手，他不知所措地说了一句："您也上卫生间呀？"领导感觉莫名其妙，好像自己不是凡人，从不上卫生间似的。因此，几次晋级，都是因为领导感觉小李为人奇怪，没有提拔他。可民意调查时，小李又每次都是名列前茅，让领导困惑不解。原来领导不知小李患有社交恐惧症。

作为知识和理念，人人平等很容易被认同和理解。人人平等更多地体现为一种交往的动机和态度，它直接影响人们交往时的状态和感觉体验。人人平等是性格中对他人信任，是对他人善意的推理。具有人人平等性格的人可能就是一个普通人，与人打交道时，他经常会忘记对方的社会角色是什么，对方的地位是什么，而是把对方当作是与自己一样的人，一个生动具体的人。无论面对的是什么样的人，他总能保持情绪的平静，不把对方看作是一个可怕或是充满魔力的人。

也就是说，与人接触时，正常人从不夸大或贬低对方，而是把对方当作是一个与自己一样的同类。总体上，他们待人是稳定的和一致的，无论对方是什么地位的人，他们都是外向而热情的，都是主动的，都带着轻松自如的态度率真的与人交往。

虽然领导与同事，在他们看来，也有所不同，但这个差距是很小的，甚至是可以忽略不计的。而社交恐惧的人，会根据权力的大小或名望的大小而有区别地对待他人，而且把这个差距无限拉大。

作为性格的人人平等主要来源于儿时如何被人对待的体验，你被抚养者平等地对待，就会平等地对待周围的人。在心理学上把这种通过体验获得的行为称为内隐的、习惯的、自动化的技能。有良好交往能力的人会说：我这样与领导轻松地打招呼很正常啊，没有人教我如何做啊，我小时候就是这个样子的；与幼儿园园长和校长说话很自然啊，他们也是人，有什么可怕的？

在去中小学进行科研时，我有时会去听一下先进班主任介绍经验。我发现，他们更多地在讲述如何与学生建立良好的关系，如何与他们贴心、交朋友。其中一位班主任说："我带的班级成绩优秀、纪律良好，我并没有感觉到我有什么特殊的能力，我只是把学生当作是可爱的人，有能力的人。我每接一个新班，点几次名，就会记住每个新生的名字，一个月后我就会熟知每个学生的爱好、能力特点和家庭特点。我并不是有意这样做的，我不知不觉地就记住了学生的特点，我从小就是这样与人相处的，没有什么特殊的经验。"我发现，其他老师在认真地做笔记，希望从中学习先进个人的管理与教学技能，但几年过去了，先进老师还照样是先进，其他的人仍旧是普通教师，仍然在不停地学习先进经验，记笔记。我终于认识到，好老师你学不会，因为好老师首先是一个好人，具有良好的性格和品德。而好性格是一种习惯。

人人平等是人生最为宝贵和稀缺的心理健康资源，因为它决定了人际交往的格调和内容，决定了一个人的社交生活深度和广度，决定了一个人的开放性和包容性。

自我伤害

前不久，一位初中的班主任向我抱怨："现在上班最害怕发生学生伤害自己的行为，以前好像很少有割伤自己的学生，现在这类学生越来越多。每到开学初，我们都请有关专家来讲一讲心理健康的问题，可收效甚微。现在的学生怎么了？"

自我伤害行为也可以称为自虐行为，与屈从、委屈有关，攻击能量或愤怒的情绪不能有效地表达出来，只好转向内部，攻击自己。

张盟今年初二，学习成绩不佳。他性格内向，外表看上去有些蔫儿，目光无神，有些腼腆。如果没遇到什么事情，他跟其他学生的表现没有两样，但只要是与老师或家长发生冲突，他就像变了一个人似的，情绪失控。他的情绪失控不是顶撞，而是用小刀割自己的胳膊，或用钢笔扎伤自己。夏天来了，为了防止同学发现他的自伤行为，他只好穿长袖衣服。

张盟的家庭经济条件不好，他父母来自农村，经人介绍来城里打工。母亲是一家小物业的保洁，与物业经理是远亲，所以，全家可以住在物业的地下室。父亲与母亲关系不好，经常吵架，甚至互相动手。因此，母亲把所有期望和精力都放在了张盟身上。小学阶段，他的成绩还可以跟上，但上了初中，成绩逐渐落了下来，为此，母亲经常吼他。有时因为一点小事，母亲就责骂张盟。母亲的情绪控制能力有缺陷，经常因为一些不起眼的小事情发火，张盟不知什么时候、因为什么事情，母亲就会劈头盖脸地发泄一通。张盟与母亲发生冲突后，会偷偷地用刀割自己，后来发展到与班主任发生冲突后，也会割自己。

我发现，这类孩子的一个普遍特点是不敢当面反抗，不能有效地表达自己的愤怒情绪。在发生冲突时，张盟不是保持沉默，就是不能连贯地整理自己的语言，他通常只能发出一些低声音的、不连贯的词汇来进行申辩，如"不是那样的，我不是那样的人"。他们很少像其他孩子那样，在冲突时自然流露出来一些愤怒的语言，如："事情已经这样了，你还想怎样?""有本事你把我打死。""你就知道吼，都说了无数遍了，烦不烦人呀?"

在这类自伤的孩子的心目中，成年人的形象是巨大的，好像拥有无限的力量，而自己就是一个不谙世事的、幼稚的孩子。他们不像是一个初中或高中的学生，更不像逆反的青春期的孩子。他们一般与同龄人相处还算正常，只是一旦与年长的人相处，他们的反应就变了味，内心充满紧张与恐惧。他们好像无法理解年长者的心智或者情绪，过分看重他们的评价。他们好像完全吸收了家长和老师的批评，对于自己是什么样的人毫无独立见解和判断。

用更加准确的描述，他们的问题来自他们不能与抚养者心理分离。到了青春期，他们本来应当发展出与家长或老师的心理分离，如认为"家长或老师如何看待或批评自己，是他们的意见，而我自己是一个什么样的人不会因为他们的评价而改变。

我对自己有一个独立的评价，这个评价不同于任何人，因此，无论对方对我的态度如何，我都是一个独立的主体，我有表达自己情绪的权利，因为我也是与他们同样的独立的个体”。这种自主的感觉是正常人自然发展出来的一种心理品质，而在他们身上却荡然无存。因为他们从来没有被当作一个有独立思想和权利的人来对待。

最为重要的是他们的感觉和情绪没有被认真地反映过和对待过。小丽是初三学生，学习成绩中等。她的问题是自我评价低、情绪低落、感觉生命无意义，有时不想上学。母亲担心她患有抑郁症。小丽的家庭条件一般，父亲不求上进，不上班，偶然炒股票。小丽打心眼里瞧不上他。母亲在外做多份兼职，收入不多，经常抱怨老公没出息。母亲非常关心小丽的成长，很担心她的中考成绩。一天，小丽与同学看电影后，想乘地铁回家，发现卡里没有钱了，于是电话中向母亲要钱充值，电话那头，母亲听说孩子要钱，劈头盖脸一顿说："就知道花钱。把闲逛这时间用在学习上，成绩早就上来了。你妈也不容易，每天在外面跑，不都是为了你吗？你怎么做的？"小丽母亲虽然给充了 200 元钱，但是小丽接下来的整个星期心情都不好。一方面她觉得母亲不理解自己当时的心情，没有感受到自己在地铁上打电话求助时，心情也非常忐忑，不好意思张口向母亲要钱，只是迫不得已。另一方面，她又觉得自己确实一无是处，考试成绩下降得厉害，对不起妈妈。

小丽的抑郁情绪的产生，主要在于压抑了自己对母亲的不满。明明母亲没能在小丽需要帮助时有效地支持她，明明母亲是粗心的，没有理解自己的感受，可自己离不开母亲，不能让自己产生对母亲的负面情绪，只好想：母亲确实很辛苦了，家里家外地疲于奔命，自己怎么能抱怨呢？都是自己不好，让母亲失望了。

这个事情主要的问题在母亲身上。母亲不能感受到孩子要钱时的忐忑不安，也无法理解女儿对自己的依赖。看来，当一个合格的母亲也不容易，不仅要挣钱给女儿，还要学会照顾女儿的情绪。

是的，从维护自尊的角度，一个合格的母亲就是要这样无条件地接纳孩子，无条件地奉献，以孩子的感受为中心。即使心情不好时，也要对孩子的感受敏感，不能随便说话，更不能任意发泄情绪。也就是说，母亲不仅要满足孩子的生理需要，如提供生活费，还要满足孩子的心理需要，如自尊、联结的需要。

被压抑的愤怒会长期存在

被压抑的情绪会积累起来，长期存在。有一个人不慎掉井里了，呼唤邻居来帮助。没想到邻居张三来了后，却开始往井里丢石头，还专门捡大石头扔。此人大呼："咱们哥们平时处得挺好，你为什么落井下石？"张三说："我盼着这一天已经十年了。"原来十年前，两人曾因为宅基地发生冲突，张三打不过这个人，将怨恨压抑心中，今天终于有机会报复了。

被表达或被发泄的愤怒情绪不会再有强烈的负能量，只有被压抑的愤怒才会长久保持。不仅是愤怒情绪，其他的负面情绪也都有这个特点。

屈从者容易压抑情绪，而只有适当地把情绪宣泄出来才有利于心理健康。

老孟的父亲 91 岁，在新冠疫情期间去世了，因为严格的封控措施，他无法回老家与父亲见上最后一面。而父亲生前最惦记的就是这个在外工作的小儿子，临终前还呼唤他的名字。自从父亲去世后，老孟心情就不好，做什么事情都提不起精神，经常后悔没有提前去看望父亲。最近，他出现一个毛病，经常头晕，什么事情都做不了。无论是开车，还是看书，总感觉天旋地转。他去多家医院查神经、查心脑血管，都没有发现问题。后来，找了心理医生，心理医生诊断为抑郁症，给开了一些抗抑郁的药，同时，为他进行心理治疗。心理医生的治疗主要是模拟了一个告别和哀悼仪式，进行角色扮演，心理医生扮演父亲，老孟与其进行对话，表达自己的哀悼和道别之情。同时，心理医生也对他的后悔进行了干预，比如，如果父亲的在天之灵，看到儿子因为后悔而无法正常工作生活，使人生一塌糊涂，一定会失望的。经过 8 周的治疗，老孟完全恢复了正常，可以上班工作了。

老孟的抑郁症状就是因为悲哀无法表达和宣泄导致的，因为无法宣泄悲哀，感觉到委屈、自责，从而引起了更多的悲伤，产生恶性循环。

情绪也是一种心理能量，愤怒情绪不向外表达，就会向内表达。受到不公对待，不去表达对他人的不满，就会向自己发泄不满。

不仅如此，被压抑的情绪并没有消失，而是以浓缩的形式存在于潜意识中，更加长久地妨碍人的幸福生活。被压抑的愤怒、悲哀等消极情绪会时常出现在梦中、联想中、记忆中，占据一个人大量的注意力资源。这种情绪的痛苦频繁出现后，你无法用意识或语言的力量去祛除它们，你会对自己说："别想了，想这些没用，都是些心理垃圾。"但你就是控制不住它们的出现，因为它们代表情绪，是有能量的。从而，妨碍你工作的效率和生活的愉快，使你在与这些情绪的斗争中，失去了生活的乐趣。

以直报怨

低自尊的人经常以损己利人的方式处理人际关系的冲突，对于他们来说，人生要学会的一项技能是适时表达愤怒。

表达愤怒的积极意义

低自尊的人从小就接受了一个做人准则，发怒不仅是粗野的，也是危险的，发怒不仅可能使自己行为失控，失去尊严，而且可能会导致他人的攻击，或引起他人的嘲笑。

直到我们实验室研究了混乱型依恋儿童的情绪目标问题，我才认识到，原来情绪是有目标的，情绪目标是指情绪指向什么方向。比如，有时，愤怒情绪正是我们要达到的情绪目标。我们愤怒了，他人才能感知到我们受到了伤害，有了不满。在某些人际冲突的场合，人们需要增加或者放大愤怒的情绪，有力度地表达自己的不满与攻击性，其目的是让他人看到我们的愤怒。表达愤怒不是可耻的。

尤其是照顾型的人或依赖型的人，更加需要在愤怒的情绪上增加能量，让自己愤怒起来，发狂起来。

我们发现，情绪表达的刻板性是一个重要的问题。对于照顾型的人来说，不是他们不够狠，而是他们在需要形成愤怒的情绪时，往往却开始忍让与共情，明明对方言行伤害了他们，他们却还想着对方的不易，或者自己的不对。在需要反唇相讥的时刻，他们却说出温柔的话。他们的情绪往往与冲突的场合不匹配。

情绪无所谓好坏，无论是消极还是积极的情绪都是漫长进化中大脑的产物，衡量情绪健康与否的唯一标准是与环境是否适配。应当表达爱与欢乐的场合，我们要尽情地享乐，比如生日聚会。而应该表达生气的场合，我们就必须表达，比如，有人当众给你起了一个外号。

敌对型的人，总是不合时宜地表达愤怒，在需要表达关心、照顾的场合，他们却表达了愤怒，让人不可思议。而照顾型的人在需要表达愤怒的场合，却无一例外地表达出了关心与共情。上述两个类型的人需要情绪的灵活性，他们的问题在于刻板地、习惯性地表达同一种情绪，不能因地制宜地表达与环境适配的情绪。

及时表达

情绪与情境密切相关，情绪总是受刺激影响的，受此时此地的事件或人物的影响。对于情绪表达来说，及时很重要，只有及时表达情绪，才能做到自己不受压抑。

比如，某人威胁你，或者谩骂你，你必须及时回应，才能保持身心统一。以上述王老师与张老师的争执为例，王老师必须即时表达自己的愤怒，应对威胁才行。面对对方的“你再敢说一遍，我抽死你”这句话，王老师必须有所回应，她可以说“你这是在威胁我，我根本不吃这一套”，或“我再说一遍，谅你也不敢把我怎么样”。

但是，我们不建议采取抬杠的方式，如“我再说一遍你能把我怎样?”“你就是胡同出来的，就是没有教养”这样直接的刺激，会强化对方的愤怒，使对方下不来台，导致冲突升级。可以用略带威胁的话语，表达自己的愤怒和自信，捍卫自己的尊严。

情绪是短暂的，有时转瞬即逝，必须及时宣泄和表达，才具有沟通的作用，才能真正地表达自己心底的声音，才不会产生压抑与委屈。如果你压抑了自己的本真感受，事后反思自己当初为什么不反抗，为什么不敢捍卫自己的尊严，你就永远无法弥补即时表达的遗憾。要想不后悔，就要即时反击。

然而，这样做意味着要承受一定的风险，尤其是当面对强权或强势人物时。

选择合适的语言

学会表达愤怒，让自己进入愤怒状态，对于低自尊的人来说是人生要学习的重要一课，也是防止抑郁、自责和自伤的重要手段。我甚至认为，低自尊的人的核心问题就是不能及时表达愤怒。一旦处理好愤怒这一情绪问题，他们会轻松并快乐许多。

表达愤怒并不是为了激怒他人，报复他人，宣泄情绪表达愤怒的真正的目的是让人们更加了解自己，认可自己的权利，尊重自己的立场或感受，从而更加真诚和有效地进行交往。

因此，表达愤怒的底线是不对他人形成侮辱、伤害及贬低，当我们愤怒时，我们要选择合适的不伤害的语言。

（1）“我”向的语言。用“我”开头的句式来表达愤怒。“我”向的语言不指向责备，不贬低他人的自尊，有助于他人了解你的情绪。

如：

- “你这样说，我非常生气。”
- “看到你这样，我非常恨你，我恨不能让你下地狱。”
- “如果你再这样说，我们就没法谈了。”
- “我对你的表现非常失望。”
- “我现在已经忍无可忍了，我要骂人了。”

这样既表达了你的负面情绪，又没有指向对他人的伤害，是一种合理的情绪宣泄。

（2）批评行为，不批评人格。当你对他人的表现不满意而产生愤怒情绪时，可以描述不满意的行为是什么，但不要指向对方的人格。

比如，下班后发现孩子把房间弄得很乱，你可以说“屋里太乱了，需要收拾打扫了”，而不是说“你总是没有秩序，总也不长记性”。

看到老大攻击老二了，你只需要说：“妹妹被打哭了，我很生气。”

发现员工效率低下，拖延严重，你可以说："动作太慢了，这样下去，我们无法按时交差。"

（3）语言简洁。当某人的行为不符合你的预期，令你愤怒时，不要发表长篇大论，只需要简洁地表明自己的情绪或态度。

如：

- "我生气了。"
- "别再说了。"
- "现在该出发了。"
- "现在不是玩手机的时间。"
- "我不希望再发现这样的事情。"

简洁才能权威，只有弱者才反复强调。

优先关注自己

对于经常损己利人者来说，面对强大或有权势的人，要善于将注意力放在自己的需要上，要经常思考，"我的需要是什么""我想通过与他人的交往得到什么""我想表达什么""如果不这样说，我会不会后悔"。

要经常回到自己的本心和立场应对他人，要确立自己的价值观和真正的需要，整合自己的力量，加强自我掌控感和自信。

有时，没有必要过多去想别人是如何看待自己的。小王是一个新入职的中学老师，校长让她担任一班的班主任。从小开始，她的父母就经常教育她，要为别人着想，不能太自私。入职前，父亲还与她通话，要她善于察言观色，搞好人际关系，做好自己的第一份工作，别给父母丢脸。于是她出现了过度活跃的“读心术”。

在学校，小王会消耗过多的精力去思考他人的想法与感受，会过度思考家长的反应、同事或领导的心理状态，夸大他人的负面反应，导致自己身心俱疲。她自以为拥有高度的洞察力，但与他人实际的心理状态毫无关系。

对于小王来说，要认识到他人心理活动的不透明性，承认自己永远无法真正了解周围的人，让自己松弛下来，简单一些，主动热情，与人为善，至于其他的人如何看待自己这类的事情，就听天由命、顺其自然吧。

第十二章

降低对人际拒绝的敏感性

有一天老张向我透露一个小烦恼。如果有同事或者朋友打电话求自己办事，他一般都会非常热情地帮忙，即使是帮不了忙，也会热心做出解释。他觉得经常接到求助电话，说明人们信任自己。但是，如果他自己遇到难题，需要向别人打电话求助，他就非常紧张焦虑，会长时间纠结于要不要打这个电话，打这个电话会不会打扰别人。有时遇到微不足道的事情，比如让邻居顺便帮自己接孩子放学，他都难以启齿。他说自己患有打电话恐惧症。后来有了微信，他的这种情况虽然有所好转，但他还是经常感觉难以开口求助于别人。

小李认为自己经常受到别人的排斥。例如，在电梯上，如果异性进来，尤其是年轻的姑娘进来，一般都会去另一端站着，下意识地与他保持较远的距离。在地铁上也是这样，如果自己边上有几个空位子，人们一般都坐最远的位子上。有时，如果只有自己边上有位子，年轻女子宁愿站着也不坐到自己的边上。他认为，这些人是有意嫌弃他，故意躲开他。他抱怨，年轻女孩都是自恋狂，瞧不起人。

这些行为都反映了人际拒绝的敏感性，它在低自尊－低他尊者身上经常出现。

人际关系的错误警报

人际拒绝是指一系列关乎人际关系受损的事情，包括被人抛弃、亲密关系结束、被周围的人排斥、被冷落、向别人求助遭到拒绝等。人际拒绝的信息破坏了人们对自己值得被爱和被接纳的认知，不仅可能降低自尊，而且可能引发抑郁和绝望。

人类都有归属和联结的心理需要，为了生存，我们必须形成和保持基本的、持久的、积极的和重要的人际关系。人类大部分时间与他人度过，更容易形成强烈的社会依恋，以对抗关系的瓦解。

鉴于保持社会联结的重要性，人类专门发展出了一个情感－动机系统，它帮助人们避免破坏与他人的关系。这个系统就是“社会计量器”（见第三章）。这个系统专门帮助人们监控自己被他人接纳和重视的程度，以及被他人拒绝和贬低的程度。监控的心理后果就形成了他尊。所以，他尊总是反映了这种人际关系的状态，有了他尊，人们就会觉得受到他人的接纳并得到了爱，自尊就会提升。如果觉察到自己与他人关系质量下降，自己在他人心目中的形象受损，或者被他人所排斥，自尊就会降低。被表扬一次，自尊上升一次，被批评一次，自尊就下降一次。

社会计量器像一个探测器一样工作，敏感地侦察他人对自己的态度和行为，并根据侦察的结果来调整自己的形象，必要时，会提前改变自己与他人的关系，以防止可能到来的排斥。

我们对他人的接纳、排斥或拒绝的感知不仅仅是对社会环境中实际发生的事情的客观反映，而且是我们的主观感知和判断，受个体头脑中经验记忆、期待和想象的影响。比如，头脑再现过去的他人拒绝能够再创造我们当下对于被他人拒绝的主观感受和回应方式。过去与批评和排斥有关的记忆与想象，影响着我们对现实中他人的负性评价的预期。期待或想象他人可能的负性评价能够激活社会计量器的错误“警报”，如果过去的拒绝体验过度强烈，形成了关系创伤，就会导致人们对他人的批评或贬低异常警觉。即使在客观情境中，他人没有恶意，只是模糊不清的反应，或无意的伤害行为，也会引起人们内在的消极感受和反应，使人产生虚构出来的困扰与沮丧。

因此，人际拒绝的敏感性就是指个体在主观上歪曲和夸大了人际拒绝的信息和线索，焦虑地预期他人行为中的拒绝，对拒绝过度反应的一种倾向。是他尊出现了问题。

人际拒绝的敏感性与夸大他人的冷漠和敌意有关。他尊包括对他人与自己的关系的评价：在一个人眼中，他人是否接纳和肯定自己构成了“他尊”的核心，他人的心目中自己的价值如何，自己的地位如何？他人是否瞧得起自己，是否尊重自己？他尊也有面子的意思，来自他人的对自己的肯定要比自我肯定有效得多。一公斤的他人肯定等于十公斤自我肯定的分量。

他人的存在对自己意味着什么？我们把他人理解成为什么样的人？这是我们在每天与他人的交往过程中都无法回避的问题。低他尊者的有关他人的善意和恶意的基本判断出现了偏差，由于童年的消极教养方式，他们倾向于把他人加工成为一个充满挑剔和缺少温暖的人，认为他人对于自己来说是威胁者而不是支持者。他们经常对他人的支持和肯定的信息视而不见，而对他人的拒绝和敌意具有优先反应。他们对他人信任不足而怀疑有余。

当一个人给同事或朋友发出了一个求助的信息后，对方没有及时回复，一个具有人际信任的人并不会怀疑他人是否具有帮助自己的意愿，或者反省自己是不是一个根本不值得帮助的人，而是倾向于认为，对方可能忙于其他事情，没有看到微信。

如果对方没有接电话，他可能会想，对方可能正在开车或者开会，不方便接电话。他尤其不会从别人瞧不起自己、不把自己当回事的羞辱的角度来看待这件事情。

低他尊的人的感受则完全是另一回事情。他会焦虑不安，思维过度活跃，甚至会想到对方最近已经晋升局长，可能瞧不起自己了。即使是这位朋友后来回复答应帮忙，低他尊的人下次遇到同样的情境还是会焦虑和自轻。

人际拒绝的敏感性还是一种自我防御，与低自尊也有关。低自尊的人自我肯定的力量不够，认为自己的独立力量过少，不足以保护自己，对来自他人的关照、保护与接纳有着更加强烈的需要，更加依赖别人，因此，对他人拒绝或排斥的线索非常敏感，微小的或者不明显的人际威胁或人际拒绝的线索都会激活他们受伤害的反应。

人际拒绝的敏感性与自我否定也有关系。低自尊的人一旦受到批评，还倾向于产生全面的、整体上的自我否定，而不是就事论事地检讨自己。如果受到他人的排斥，如关系破裂，他们倾向于夸大自己的缺陷，激活负面的自我图式，认为自己具有整体上的自我缺陷，没有人会真正喜欢自己，自己对于他人没有任何交往的价值。透过这些过去的自我贬低的图式，被人排斥后，他们往往会攻击自己，伤害自己。

高他尊的个体则没有那么强烈的需求要去开启防御性的社交警报系统。

高他尊者在长期充满安全感的环境中成长，对于他人的接纳、合作具有一种信任的态度，对于人际关系没有过度的需要，对于他人也没有过度的依赖。他们的人际需要处于不温不火的适度水平，只有感知到他人明显对自己有意见、敌意或者排斥，他们才会产生人际关系的警报。高他尊者关系的报警器能够相对准确地反映客观人际关系的变化，通常不会失灵。

高他尊者具有丰富的关系资源，能够从各种角色中得到关系的支持。他们的亲子关系、夫妻关系、同事关系的质量都很好，某一具体关系的伤害，不妨碍他们从其他的人际关系中获得积极的社会支持。所以，某一个局部的拒绝或排斥，不足以导致整体自我的波动。

人际拒绝的敏感性的种种表现

小张谈恋爱时，给男友发信息，只要男友没有及时回复就会怀疑男友的真心，认为男友不重视自己。打电话男友不接时，她也会想到男友是不是背叛自己了。

王教授在研究生答辩时需要找同行当评委，同行都很忙，难免偶尔出现不能及时回复的情况。每次到了答辩季，请评委时，他都非常紧张。发出了信息后，如果对方没有及时回复，他就会担心对方不愿意当评委，或是自己指导的研究生论文水平太差，等等。其实，即便有人不能及时回复，一般最后也都给出了回复，而且每次最后都没有耽误答辩。

对人际威胁的优先注意

对人际拒绝的敏感性高的人一般把注意力优先集中于他人

可能的拒绝反应上。如果一个人走在大街上或开会时，注意力不断地集中于可能的人际拒绝或排斥，对其他人的讨厌态度过度警觉，他的注意力就很难抽离出来，去注意其他的目标和活动。

鲍德温（Baldwin）等人的研究，证明了低自尊的人对与拒绝有关的信息更加敏感[15]。实验者在电脑屏幕上快速呈现与“拒绝”有关的词，如“不接受”“敌意”“不满”等，或中性的词，如“风光”“电影”“小草”等，发现低自尊的人比高自尊的人对拒绝的词更加敏感，更快地加工了这些词，更倾向于认为拒绝是威胁信息，而对中性词的加工速度与高自尊的人没有差异。

对微笑和皱眉面孔的反应的研究也发现，低自尊的人对皱眉的面孔具有优先反应。也就是说，在加工信息的初期，他们更加容易注意他人可能的拒绝信息。

本章开头所描述的小李之所以在电梯或地铁上觉得周围的女性都在排斥、躲避自己，正是因为他的注意力都集中在被人排斥上了。其实，也有年轻女性会选择他边上的空座，也有电梯里根本不在意他的姑娘。只是他忽视了这些信息，只注意了被人排斥的信息。

对可能的人际伤害更加敏感

低自尊的人对于被拒绝、被抛弃或其他可怕结果有着脱离实际的预期，他们放大了别人的威胁。

鲍德温等人让被试在电脑屏幕上阅读与自我可能受伤害有关的不完整的句子，例如“如果我信任我的恋爱对象，我的恋爱对象将要……”，然后快速显现与关爱或伤害有关的词或者图片。

低自尊的人在读到“如果我信任我的恋爱对象，我的恋爱对象将要……”的句子后，比一般人更快速地对有关伤害的词或图片做出反应。在他们看来，如果自己完全信任了恋爱对象，就会更加容易被伤害。这说明他们不能拥有对恋爱对象的信任，潜意识中更多地以怀疑态度对待恋爱对象。在交往过程中，保护自己不受伤害是他们第一位的需要。

这种人际怀疑使他们经常难以与他人结成亲密的关系，使他们缺少知心朋友。他们经常具有孤独感，因为他们不敢把真心交给他人。

有条件的社会接纳

人本主义心理学家罗杰斯认为，低自尊的人相信来自他人的社会接纳是有条件的，建立在成功或外表可爱等条件下，这意味着自身任何失败的信号都会使人拒绝或批评自己。有条件的接纳严重妨碍了人类的归属需要的满足。

为了证明这点，鲍德温等人研究了成功与接纳、失败与拒绝的关系。首先让被试在电脑屏幕前阅读“成功”或“失败”的词汇，然后让他们对包含社会后果的词汇做出反应，如拒绝、接纳等。

低自尊的人表现出了有条件的接纳模式。在阅读“失败”这个词后，他们对“拒绝”一词的反应时更短，而读到“成功”一词后，他们对“接纳”的反应时更短。

这种有条件的社会接纳说明，低自尊的人的社会接纳水平是不稳定的，容易随着成功或失败的行为表现而产生波动。成功提供了暂时的被他人接纳的感觉，而失败又启动了被人拒绝和排斥的感觉。他们的心情取决于最近一次被他人如何对待。

拒绝诱发了敌意

一项研究是在电脑屏幕上呈现拒绝一词后，接着呈现一个面孔[15]。这些面孔中，有些表情是敌意的，有些是中性的，有些是善意的。结果发现，高人际拒绝敏感性的女性被试，在阅读了“拒绝”一词后，对具有敌意的面孔反应更快了。这说明她们将人际拒绝与敌意自动联结了。低人际拒绝敏感性的女性被试则没有出现这种现象，说明她们更加有能力接受拒绝。

有关恋爱者日记的研究发现，前一天的拒绝会引起第二天的敌意。恋人之间的冲突在所难免，但在解决冲突时，高人际拒绝敏感性的人更加容易记仇，在冲突的第二天表现出了更多的消极情绪和敌意，而低人际拒绝敏感性的人在冲突时不会产生过多的敌意和被拒绝感。

在冲突后，只有高人际拒绝敏感性的人认为他们的恋人不可原谅，变得更加害怕恋人了，与恋人在心理上更加疏远，并表现出更多的行为退缩和不满意。

还是由于不安全依恋

人际拒绝为什么会成为低自尊－低他尊者的不可承受之重[15]？心理学的研究普遍认为，人际拒绝的敏感性是儿童早期被父母拒绝之后的心理产物，在以后相似的人际情境中，人际拒绝的敏感性可能激活人们对拒绝的焦虑性预期，进而影响其对人际线索的知觉、编码以及反应。

人们在以往的经验中学会了与人交往的模式，这个模式影响以后的交往过程。这个人际关系模式包括一些普遍的人际经验，主要由“你和我”的关系位置构成。这一模式有消极的，如“你是强大的，我是弱小的；你是权威的、批评的，我是服从的、有错的；你对我充满恶意，轻视我，我恨你、躲避你”；也有积极的，如“你是接纳且爱我的，我是有价值的、可爱的”。

早期的经验教会人们对他人的社会接纳或社会排斥进行预期，并以此选择自己的反应，即回避还是主动接近。

这个早期的“你和我”的关系模式以记忆的方式存在，是相对稳定的。它能调节以后的人际关系，对以后的人际经验具有过滤作用，还能指导人们的信息注意偏好，影响人们的经验知觉、对模糊的信息的解释，并为人们提供正确或错误的社会信任，使人们用片面的信息来填补空白，对以后的交往过程进行指导和组织。

在缺少安全依恋的家庭环境中成长的儿童，经常被父母责骂和批评，缺乏来自父母的关爱，会形成有缺陷的人际模式。在低自尊者的经验中，父母或其他权威总是以批评与惩罚的消极形象出现，这会泛化到他们对环境中其他人的看法中，使他们形成有关他人形象的消极模式。在他们心目中，周围的人也都是冷漠无情、苛刻严厉的，充当着评价、批评甚至攻击的角色。

低自尊－低他尊者形成的一个“我与你”的关系推理是：我是一个无价值的、不合时宜的小人物，而你是一个有评判权的、有拒绝和接纳权的大人物；你是冷漠的、有敌意的，而我是怯懦的、受害的。

人际关系模式包括一系列“如果……那么……”的期望。比如：“如果我表现不好，那么你就会批评我。”这种人际关系模式中的“如果……那么……”会影响一个人在交往中所处的角色与地位，使低自尊的人经常把自己置于无权和谦卑的地位。

不安全型的依恋模式的一个心理后果是使人对他人产生不信任感。我们每个人都对他人是谁、是什么样的人有一个基本的看法和判断，这个看法相对稳定而且十分抽象，我们把这种对他人的稳定的看法叫作他人模板或者他人的表征。它不涉及一个人对具体当下的交往对象的看法。比如，你的一个老同学听说你急需钱投资一个项目，于是慷慨解囊，在这个过程中，你一定会对老同学感恩戴德，对他产生十分积极的看法。但是，这并不涉及你对一般人的看法，尤其是对于不熟悉的人的看法，下次有困难时，你可能仍然不会轻易给朋友打电话。当碰到公共汽车上有人明明看见你边上有空座却宁肯站着也不坐时，你仍然会觉得受到强烈的排斥，一路上产生卑怯的感觉。

这种人际感是潜意识的自动联想，受记忆的影响。

如果父母或抚养人长期无条件接纳一个人，这个人就会形成一个积极的人际图式，会产生对他人的基本信任，觉得周围好人多、坏人少，周围的人一般都是善良的，是可信赖的，没有人会无缘无故地与自己作对。一个信任他人的人不会轻易地产生人际关系的警报，就像走在一个花园中，在他眼中，处处是风景，人人是朋友。

人际拒绝后的两种不同反应

美国心理学家布拉特认为，根据对他人的加工和应对的不同，可以分为两种拒绝敏感性的类型，一种是依赖型，一种是自我批评型 [16]。

一味讨好：依赖型

虽然低自尊的人都会表现出自信不足，缺少自我价值和自我肯定，但他们对他人的看法和反应也可以分为不同的类型。他们对他人的需要和对于人际关系的理解不同，被拒绝后的行为反应也不同。

小莉在一家私立幼儿教育培训中心工作，今年已经 30 岁了，还没有谈朋友。父母离异后，小莉一直与母亲同住。春节到了，有一天母亲回家无缘无故地冲她发了一顿火，说她现在工作环境不好，也不主动处男朋友，下班就窝在家里，不是看电视，就是上网。

原来，母亲刚才去退休同事家串门，听说人家的女儿今年美国博士毕业后，就职于美国的一家著名医药公司，不仅拿着高薪，而且已经结婚。男方也是中国人，家庭条件非常好，在郊区买了小别墅做新房。母亲对比自己的女儿，感觉到无地自容，于是把火都发到了女儿身上。小莉情急之下回击了几句，没有想到专制的母亲一怒之下，把小莉的图书和生活用品扔了一地。在父亲的劝说下，母亲才不再扔东西了。小莉去朋友家住了两天，回来后，母亲不与她说话，对她实施冷暴力。过了几天，小莉挺不住了，开始主动与母亲讲话，甚至主动给母亲买好吃的，讨好母亲。

咨询中，我问小莉，你是真心地觉得自己有错吗？是发自内心地想改善与母亲的关系吗？小莉也搞不清自己的真实想法。她回答说："反正我就知道我斗不过她，每次发生这种事情，都是我主动缓和关系，母亲心脏不好，总不能让她气坏了身体。"

小莉这种人叫作依赖型的人。他们人生的核心动机是与他人保持联结、被人接纳，保护和关爱才使得他们生命的存在具有价值。相比之下，他们并不太关注成就。他们渴望在关系中得到保护、照顾、指导，失去关系对于他们而言是灾难性的，令他们感到无助和脆弱，所以他们对于分离和关系丧失充满焦虑和恐惧，对任何关系破裂的信号都极为敏感。

总体上，他们的人际关系一般是比较稳定和谐的。在人际关系中，他们比较顺从、讨好，他们投入更多的精力关注他人，特别关注他人的情绪，因此更易被周围的人所接纳。

在人际关系中，依赖型的人是顺从的，通常会抑制自己的需求和情绪表达。面对与自己意见不一致的朋友，他们为了减少冲突，甚至会以牺牲自己的立场为代价，违心地赞同朋友。

此外，他们对人际分离、亲朋去世和关系的断绝充满焦虑，感觉到孤立无助，有强烈而慢性的对被抛弃、不被照顾和保护的恐惧。因此，依赖型个体可能会抑制自己的敌意，表现出友好和服从的行为，期待他人的友好反应。

依赖型个体倾向于追求每时每刻保持"高热度"的亲密关系。在一开始交往时，他们会表现得善解人意，体贴大方，主动表达对他人的欣赏和喜欢，因此很容易建立人际关系。但他们内心始终怀疑对方是否真的喜欢和在乎自己，所以会对拒绝信号异常敏感，甚至会因此要求和对方持续保持高水平的亲密互动，这往往会让对方感到难以招架，从而诱发拒绝。尽管他们的人际关系有一个好的开头，但是这种积极关系是比较肤浅的，往往充满不满意感。他们会过度要求他人的情感支持，而对方很可能最终因为招架不了而产生退缩。

依赖型的人的父母对孩子的态度是矛盾的。在回忆童年经历时，在依赖型个体的回忆中，父母的形象是好坏参半的，他们有过被爱的经历，也有过被忽视、被拒绝的时刻。一方面父母能够精心照看孩子，能够表达爱与关心，甚至表现出很强的纽带联结之情和相依为命感；但另一方面，父母的爱和照顾往往是有条件的，不是无私的，主要是为了满足父母的需要而不是孩子的需要。对他们来说，父母的爱和关注是不稳定的，有时候甚至把孩子向他们表达爱作为给予爱和赞赏的条件。

在依赖型个体的心目中，父母往往会提出过分的要求和限制，对他们过度保护，甚至有时候会通过挫伤他们的自主性来增加他们对自己的依赖。所以依赖型的人会感觉到父母的情感和心理控制。谈起父母，一位依赖型的人说他们“强势、体贴、溺爱”；另一位说，“父母在我心目中的形象是严格、慈爱、控制欲强的”。

依赖型的人的父母把孩子表达爱作为给予爱和赞赏的条件，关爱和支持孩子的最终目标是控制孩子，不让他们真正独立。父母会通过挫伤孩子的自主性来促进他们的依赖感。有一个依赖型的人说："小时候我有时不想跟父母一起睡，可他们就是不让我自己睡。"因此，依赖型的人有黏人的特质。另一位依赖型的人说："小时候，如果妈妈不接我回家，我就去单位找我爸，不行的话就会去找奶奶。我好像离不开大人。"

同时，依赖型的人也会回忆说，父母的苛刻要求也是很多的。一位依赖型的人说："父母总是把注意点放在我身上，好像他们活着的意义就在于我。这给了我巨大的压力。他们过于关心我的一切，如总会问下学后去了哪儿，与同学出去玩得如何等。我都不知道如何回答他们。他们还过度关心我的学业，我如果考不好，他们好像比我难受十倍，这样也使我喘不过气来。"

正如鲍尔比在依恋三部曲中《丧失》一卷中指出的，高依赖个体的心中有两套同时存在的他人－自我形象。一套形象是他人都是完美、无可指责的，自己是有缺陷的、不值得被爱的。与此同时，还有一套与之并存且竞争的模型，即他人是操控的、吝啬的，而自己过于讨好他人，所付出的远超过所获得的。他们会选择其中一个模型在意识层面运行，而另一个模型在无意识层面运行，以保护个体的自我免受威胁。

依赖型的人在内心中形成了冲突而矛盾的他人形象："他人于我很重要，我无法离开他人而独立生活，同时他人又是如此不可信，是控制和苛求的。"

他们内心的自我形象也颇为冲突，一方面认为自我是弱小的、需要他人帮助，另一方面又认为自我是不可爱的、受嫌弃的。面对人际拒绝或人际冲突时，他们会过度激活依恋系统，极度需要被他人关爱和保护，不敢真实地表达本真情绪、维护自己的原本立场和保持心理界限；他们用补偿性的努力来增加联结感和归属感，通过创造一种虚假的共同感来维护表面的、肤浅的关系。

在面对拒绝时，依赖型个体会不惜一切代价挽回关系，甚至愿意委曲求全付出更多来讨好对方，但这种自我贬低的做法会导致自我价值降低。比如，依赖型的人说："某同学对我不公，当众讽刺了我，我虽然心里不太舒服，但还是会选择不发火，毕竟还是一个宿舍的，还要继续交往呢。""我爸生气了，几天不理我，不过我可不敢不理我爸，那样，他会更加生气的，让我没法过。""恋人不讲道理，无缘无故地发火，我不会指出她的性格缺陷，而是会亲密地磨合一下。"

为了证明依赖型的人的高人际拒绝敏感性，我和研究生王硕做过一个研究[9]。将5名大学生被试，分别单独领进一间实验室，并告知被试本实验是关于团队合作的心理学实验的，为了增进彼此的了解，需要他写一个自我描述（500字左右），内容可以包括但不限于个人性格、兴趣爱好、理想、最近的成功体验、开心的回忆、毕业后的愿望打算、想改变的坏习惯等。然后，主试出示其他4人的自我描述材料（实验前由研究人员提前准备好的），告知被试，5人中有3人将组成团队完成一项任务，而其他两人将各自单独完成任务，让被试根据其他人的自我描述，对其他4位的感觉和印象进行评估，并写出是否愿意与之组成一个小组。

最后告知被试，主试将根据大家的评分，从高到低进行排名，按名次决定小组成员。

这是一个涉及人际拒绝的实验，我们想知道在模糊情境下（完全没有提示信息下）的拒绝预期。主试会向被试提问："你感到自己被拒绝的可能性有多大？"结果表明，依赖型的人在被拒绝的预期上得分最高，他们认为自己不被人选中的可能性非常大；其次是自我批评组；正常组的得分最低。

这说明，低自尊－低他尊个体严重依赖社会赞许来对自己感觉良好，他们的自我怀疑和拒绝预期，让拒绝体验更加痛苦，因为他们在一个原本就脆弱的价值感上加了更多的丧失感。

在上述实验中，我们还想知道被拒绝后的行为反应。主试告诉被试（事先设计的）："按照大家的评分，我们已经排出每个人的名次，很抱歉，你无法进入三人小组的合作实验任务，只能单独完成任务。"然后，问被试"如果有机会的话，你是否愿意抓住这个机会加入这个小组并承担更多的工作"。结果发现，依赖型的人更愿意去抓住这个机会，加入的意愿比其他个体更强，在小组中承担更多工作的意愿也更强。被拒绝后，他们加入小组的意愿反而变强了，具有讨好的倾向。他们相信通过讨好等自我表现策略可以重获他人的接纳，与他人恢复关系，加强联结。

被拒绝后虽然可以通过讨好暂时增强关系，但也有潜在的心理风险。讨好本身意味着关系的不平等，是以屈辱为代价的。此外，讨好以牺牲个人的自主和独立为代价，无视和牺牲了自身内心的真正需求和情绪感受，压抑了自然增长的不满情绪与愤怒，这种本真的不满情绪的压抑会在未来的人际交往中带来破坏性的作用，对自身的身心健康也会产生损害。

深感耻辱：自我批评型

与依赖型过于在乎人际关系不同，自我批评型的人更倾向回避人际关系。在成长的过程中，自我批评型个体对于人际和社交的体验是消极的、伤害性的，过往的人际关系令他们感到恐惧与受挫，他们习得性地预期他人的冷漠无情，自己关闭了对他人为自己提供照顾的需要。

李教授申报了一个科研项目。在最后一轮同行评议会上，张教授对这个项目进行了客观的评价，认为这个项目的理论和实验部分存在着明显的不足，必须进行重大修改。为此，李教授十分不满，感觉受到了侮辱。但是他不敢公开表达自己的想法和立场，只好当着众人的面承认张教授说得有道理，说自己回去会深入思考，解决张教授提出的问题。但他心里总觉得堵得慌，事情过去一年了，他还会经常想起自己被批评的画面。自从这件事情发生后，李教授尽量回避与张教授的接触。有一次张教授的研究生论文送到他名下评审，他虽然也认为这位研究生的论文研究基础扎实，论文选题和实验都做得非常出色，但仍然给了一个不通过。事后，他也为自己的行为感到内疚，但当时就是控制不住自己的消极情绪。

现实中的人际关系的失望体验，使自我批评的人的核心需要围绕着成就与成功来展开，他们主要追求的是提升自我价值、社会地位，赚更多的钱，有更多的名，以便能够不依靠他人来谋生，甚至让他人需要自己，仰视自己。

因此，他们一般将工作看得比家庭和爱更重要。不过，尽管他们关心成就，但过低的自尊使他们经常不能主动和自我地设定目标和追求掌控，以致经常出现被动和服从的行为。他们只是更加渴求和幻想成功而已。

自我批评的人比依赖型的人具有更为严重的自卑感。与依赖型的人过度担心被人抛弃或拒绝不同，他们的低自尊指向攻击自我，他们的核心病态体验是羞耻感和卑劣感。他们倾向于认为自己是社交失败的，自己在整体上是一个被人嫌弃和讨厌的人。他们对自己的能力、外表和社交技能都非常不自信。

在怀疑他人、夸大他人的敌意方面，自我批评的人比依赖型的人更胜一筹。如果说，依赖型的人有时还会对他人在内心保留善意和关心的话，自我批评型的人则完全缺少有关他人善意的记忆和态度。他们经常把他人加工为一个充满恶意的人，将对自己的苛责与攻击投射到他人身上，使用歪曲的读心术。在这点上，他们更像虚假高自尊的人（见本书第十四章），而不是依赖型的人。他们与虚假高自尊的人的唯一区别是行为上不敢外显地攻击他人，但在对他人不怀好意的猜测上是一样的。

自我批评的人更加内向，对他人和自己都采取批评的态度。他们对于嘲笑非常敏感，对于拒绝或排斥自己的人充满愤怒和怨恨，对不赞同他的朋友进行报复。然而由于恐惧，这种报复更多的是暗地里进行。相比依赖型个体，他们具有更少的人际温暖。总体上，他们的人际关系质量很低，对人际关系不满意，充满人际冲突。

此外，他们比依赖型的人更加缺乏社交技巧，对于解决人际冲突和获得他人的社会支持缺少有效手段。只能以服从或反抗的形式来表达自己的不满意。他们在人际关系中的体验往往是害羞的、过度焦虑的，很少进行自我暴露。总体上，他们具有强烈的负性情感和较少的积极情感，给他人的印象是冷漠和被动的。

自我批评的人在归属需要方面是更加混乱的，对他人一方面保持距离，另一方面又不离不弃。一方面，他们认为，他人对自己的态度和看法是消极的、充满恶意，所以行为上既恐惧又回避；但另一方面，他们又离不开他人。这不仅是因为他们也是人类，也有基本的归属和亲和的需要，不喜欢孤独，还因为他们需要知晓他人对自己的态度和成就水平，以确定自己的价值。

他们与他人保持一定的距离，不能太近，也不能太远。他们需要窥视他人的动向，尤其是要看到他人的失败对自己的成功的反衬，以此来引起他人的羡慕与崇拜，从而体现自己的价值和意义。

如果说依赖型的人的父母非常善于利用亲子关系来巧妙地操纵孩子的情感，那么自我批评的人的父母则会更加粗暴、简单地利用地位优势来打压孩子，他们处理亲子关系更加缺少技术含量，显得直白和情绪化。

自我批评的人往往报告了在童年时代更加严重的依恋创伤。当他们感到痛苦并寻求安慰时，父母的态度通常是漠视或讽刺。他们心中的父母形象通常是单一色彩的，不像依赖型那样毁誉参半，而是清一色的黑色。他们报告说，父母是高度控制的、苛责的和缺乏温暖的。这种苛刻的养育环境不容许他们分享自己的恐惧、不快乐和悲伤，因此自我批评型的人不得不独自忍受痛苦的情绪，或者压抑无处宣泄的悲伤。

由于这类个体基本上从未体验过自己的情感被接纳、被尊重，所以他们泛化的他人形象是冷酷无情的、批判性的。他们给自身披上了厚厚的铠甲，拒绝与自己的真实情感相联结，而仅仅用外化的成就来评估自己和他人。他人形象被感知为冷漠的、不能提供支持和安慰的。这种感知在生命中开始得越早，关系的压力持续得越久，给个体造成的伤害就越多。

于是，自我批评型的人通过追求成就来补偿人际关系需要的缺失。他们变得具有高度的竞争性，在完成任务时追求完美，以获得绝对的自我依靠，而不是去与他人接触，因为接触意味着有被拒绝的风险。但是，他们并不是出于真正的内心喜欢自主去付出，而是出于恐惧，因此，他们追求成功的过程并不快乐，具有强迫和焦虑的特点。更加不幸的是，自我批评增加了抑郁症风险，这是利用强迫性自我依赖寻求安全感所必然付出的高昂代价。

自我批评型主要起源于父母对于孩子的不切实际的高期望或过度苛责，以及身体或心理的控制。自我批评的人往往有着受忽视或被虐待的经历。他们更多地报告在童年期向他人屈从的经历。在他们的回忆中，父母是限制或约束的、压制自主性，将赞赏与满足十分高的标准关联起来。有一个来访者对我说，小时候第一次考了全年级第二名，回家向妈妈报喜，没想到妈妈冷冷地说了一句：“别骄傲，还有全年级第一的呢。”另一位来访者说，小时候她觉得自己长相和能力都不行，有一天跟妈妈说：“妈妈，我觉得自己长得很丑。”没想到妈妈回复说：“我也这样认为。”其实在我看来，这位来访者身高 1.70 米，身材苗条，五官精致，还弹得一手好钢琴，根本谈不上丑。

被人拒绝对于依赖型和自我批评型的人有不同的意义。与依赖型的人受拒绝后产生的被抛弃感和孤独感不同，自我批评的人在被拒绝后产生了羞辱感、劣等感。由于他们的核心需要是向别人证明自己的成功，所以人际拒绝对于他们可能更多意味着一种对自我能力的否定或贬低。

面对拒绝，他们的第一反应是还击回去，但接下来却会产生恐惧感，所以他们通常以回避和被动攻击来应对可能的拒绝。如果他们确信对方是弱者，没有力量伤害自己，就会公然还击。比如自我批评型的丈夫对于孩子和妻子的拒绝一般会反唇相讥，不留情面。

对于同事或者朋友的拒绝，自我批评的人通常会选择不再与他们保持接触，通过回避来保护自己。我们访谈了一些自我批评的人，在被问及面对拒绝如何应对时，他们报告说：“应该减少接触吧。”“不太再想去理她了。”“还好吧，他不理我，我也不理他吧，就这样吧。没缘分不强求。”“决不会问第二次，人家都拒绝你了，就不用再说什么了。”“我感觉很难改变现状，只能尽量与她避免冲突。”

非自我批评型的人被问及同样的问题时，一般的回答是“被人拒绝后不会影响以后的关系，只有对方过于偏激才会影响我们的关系”“一个人被拒绝后，没必要把关系搞那么僵，以后见面还是照样打招呼吧，不会记恨的”。比如，某一个非自我批评型的大学生，在被问及如果发现同宿舍的某一个与自己关系还不错的同学，出去聚餐没有带自己而是请了其他室友该如何应对时，他回答说："在他们回来之后我肯定会问他们为什么不带我去，让他们给我一个解释，也不需要多么明确的回复，就是随口一问让他们随便一说就可以了。""再沟通一下，失落之后还是想再争取一下。"

我们实验室进行的有关依赖型和自我批评型的人际拒绝的敏感性的研究发现了受到拒绝后的两类不同反应[9]。

首先，我们的实验研究表明，人际拒绝同样诱发了自我批评者强烈的人际拒绝的歪曲预期——尽管不如依赖组强烈。但是，更核心的差别在于，他们在被拒绝后产生的内部感受不同。自我批评的人受拒绝产生的是羞愧感和自责感，人际拒绝激活了他们苛刻的自我批评模式。

其次，应对方式不同。在实验中，自我批评这一组被试在被拒绝后不想再去与对方沟通，也不期待对方改变，同时交往意愿下降。在遭受团体拒绝后，依赖型的人加入团体的意愿会提高，但自我批评的人加入团体的意愿则会下降。他们的社交意愿变得更低，通过减少依赖感、远离和逃避的方式，来保护自己的自尊不受伤害。

两种心理账户

我发现，低自尊 - 低他尊者身上有一个不同于高自尊 - 高他尊者的现象，即陌生人增值，熟人贬值。（双高者刚好相反，他们是熟人增值，陌生人贬值。）

低自尊 - 低他尊的人通常出于对陌生人的不了解，产生恐惧性的高估，并出于恐惧敬而远之。对于熟人，他们则会产生低估——越是亲近的人越低估。比如，如果某人跟低自尊 - 低他尊的人结婚，在低自尊 - 低他尊的人心里就会贬值，而且时间越久，贬值越厉害。随着日益了解和熟悉，低自尊 - 低他尊者会倾向于看到爱人的缺点，认为爱人长相不好，不会做家务，事业上也不能帮助自己，好吃懒做。在他们心中，自己的孩子也会贬值，他们通常屏蔽孩子的优点，只会发现缺点，孩子明明学习很好，不出去玩，他会抱怨：孩子只知道学习，也不出去锻炼身体，万一将来身体不好怎么办？自己家的住房明明不比别人的小，但从别人家回来后，就会觉得自己的家小，东西放不下，像一个仓库。

高自尊 - 高他尊的人则刚好相反，他们经常从积极的方面看待世界和他人，对于陌生人的看法较为客观，由于不了解，甚至会出现低估的现象。而他们对亲人或熟人的看法则非常积极，会出现主观的积极偏差。如果某人与他结婚就会出现增值，结婚之后，他会认为妻子什么方面都好，性格好，待人好，人也聪明。儿子有多动症，他也蛮开心，看着儿子在沙发上跳来跳去，他还能笑着说："看我这儿子精力多充沛啊，像我小时候一样，充满了青春的活力。"自家的住房虽然面积不大，但是在他眼中，自己的家是天下最好的，他经常把家打扫得干干净净，认为自己的家既宽敞又明亮。

同样面对客观的人和环境，高自尊 - 高他尊的人和低自尊 - 低他尊的人具有不同的心理账户，低自尊 - 低他尊的人总觉得自己什么都缺，而高自尊－高他尊的人则觉得自己很富有，容易满足。这一点决定了两者的幸福感不同。

从怀疑走向信任

高人际拒绝敏感性的人如何提升社会信任感，改变对他人的消极看法呢？通常，直接告诉一个高拒绝敏感性的人“你要改变对他人的消极看法，要相信他人是善良的，你把他人想得太坏是由于你的主观虚构和歪曲”，这样的教导是无效的。这就如同你告诉一个患有青光眼的病人：“你看到的外部世界太窄了，你歪曲了世界，世界比你的视野大多了。”他们根本看不到正常人所看到的世界，他们眼中的真实是由病态机制所歪曲过的世界。因此，在高人际敏感性者的心目中，他人是不善良的，是有敌意的。对此，他们深信不疑。

对他人保持开放态度

安全的亲子依恋关系使人形成了一种高超的人际关系能力，叫作心智化。心智化能力的核心是在对自己、他人的心理状态保持好奇、探索的同时，认识到心理活动的不透明性[17]，即承认自己有不了解自我和他人的一面，审慎地思考对自己、对他人的想法与情感。也就是说，高心智化能力的个体，在对彼此心理状态保持一定程度合理推测的同时，也清楚地明白自己的推测是建立在“心理状态不可知”这一大前提上的，即不会完全出于主观而对他人想法妄加揣测。心智化使人在读心的同时，也具有反思自己可能出错的能力，在与人相处的过程中，具有纠错能力。

高拒绝敏感性的人就是心智化水平较低的人。他们经常对他人的心理状态做出完全符合个人偏好的推断或陈述，表现为不尊重他人心理状态的独立性和不透明性，坚信自己完全知道另一个人的所思所想。比如，面对他人的行为不符合自己的标准或对自己的信念产生了挑战时，他们完全相信自己对他人的判断，并把这种直觉感知为真实。比如，一个受到差评的员工，会认为“一定是有人整我，同事绝对不可信”。如果你问如何得知别人的想法，他会提到“我就是知道”“我一眼就能看出来相邻办公桌那个人在想什么”“我比他还了解他，我就是他肚子里的蛔虫”。

还有一种破坏性的读心术，无视现实，否认他人的真实感受，粗暴地把他人的行为归结于恶意。比如，心智化水平低的教师与学生发生冲突时，会产生“你就是在故意激怒我”“你就是想把我逼疯”之类的错误想法，并基于这种破坏性的想法去回应、控制学生。

依赖型的人则有可能会过度消耗精力去思考他人的想法与感受，自以为拥有高度的洞察力，但与他人实际的心理状态毫无关系。比如，一个依赖型的新员工，来到新环境，面对人际问题时缺乏经验，往往会过度思考同事或领导的心理状态，导致自己身心俱疲。他每天都在思考：“同事为什么对我冷漠？主任为什么不回答我的问题？是不是我表现不好？”

心智化教会我们，不要相信自己的直觉和判断，要保持对他人的心灵的开放态度。越是我们非常明确自己对他人的看法的时候，越是要反思自己的看法可能存在的不可靠性。

如果下面的描述非常符合你的情况，说明你是一个心智化水平较高的人。

- 父母在我心目中的形象会随着我的变化而变化。
- 我意识到我有时会误解我最好朋友的反应。
- 别人告诉我说我是一名好的聆听者。
- 我认为由于人们的观念与经历不同，人们对同一事物的看法是有很大差别的。
- 我关注自己的感受。
- 在争论时，我会把别人的观点记在心里。
- 理解人们行为背后的原因有助于我原谅他们。
- 我认为看待任何问题都没有绝对正确的方式。
- 我喜欢思考我行为背后的原因。
- 为了明确他人的感受，我会询问他们。
- 我总是对他人行为背后的意义感到好奇。
- 我会关注我的行为对他人感受的影响。

如果下面的描述非常符合你的情况，说明你过度猜测别人的心理，需要提升反思能力和开放能力。

- 我非常在意别人的想法和感受。
- 我总是知道我的感受和体验。
- 我善于看透别人的心思。
- 与感性相比，我更偏向于理性。

- 我通常能明确知道别人的想法。
- 我相信我的感觉体验。
- 我可以通过观察别人的眼睛来说出他们当时的感受。
- 我几乎总能预测出别人会做什么。

高人际拒绝敏感性的人，面对可能是中性的、模糊的信息做出快速的消极解释，并且非常肯定自己的推理，因此，建构了一个他人是不可信的信念。

因此，我们如果做不到把他人理解成为一个可信的人，起码要有不进行判断的开放性。他人可能是恶意的，也可能是善意的，我们不能随意去猜测并确信他人是什么样的人。我们要承认，我们可能不了解他人，只有去尝试接触一下，通过接触，也许才能知道他人是什么样的。我们不能先入为主地设定一个前提，并在这个前提下与人交往。

还有，我们要善于修订之前对某一个人形成的刻板印象。我们既然承认自己不可能完全了解另一个人、他人的心理是不透明的，在交往过程中，我们就要随时改变对他人的不信任与防御。好人可能变成坏人，坏人也可能变成好人，一切皆有可能。

只有敢于冒这个风险，我们才能投入一段关系中。

赌他人的善意

高自尊－高他尊者并非像我们想象的那样，在对他人充分了解、对他人持有非常积极的看法之后，才主动与人交往。心理的不透明性，对于他们也十分适用。他们与低自尊－低他尊者的差别在于，他们不会担心他人的拒绝和敌意，在不了解他人心理状态的前提下，他们已经感觉到或者是相信他人的热情与回应，这是一种信念，一种习惯，是在多次的对人性的测试基础上得出的结论。

与他人接触总是一个冒险的过程，充满了不确定性和被拒绝的可能性。一个人只有待在家中才不会有被排斥和拒绝的可能，但这也意味着孤独。与人交往与合作，更像一个买股票的过程，风险与收益成正比，因此，要求我们有一点冒险精神。

我们要敢于相信人性积极，相信别人是善良的、热情的和合作的。如果你去看病，即使医生看上去冷漠无情，你也要相信他是有同情心的，该问就得问，不问白不问，否则，出了诊室你就会后悔。在陌生人的聚会中，你看到周围的人三三两两地聚在一起，你被晾在一边，你一定要相信没有人会排斥你，只要自己主动打招呼，别人一定会回应的。

低自尊 - 低他尊的人在交往中有一个明显的特点即被动性，比如，聚会中，他们把全部的注意力都放在别人如何对待自己上，希望别人能主动看透自己的心思，与自己主动打招呼。一旦有人过来主动打招呼，他们会像抓到了救命稻草一样。这等于把自己的命运交给了他人。万一没有人理睬你呢？实际上，在陌生人的聚会中，他人可能也是这么想的，他人也希望别人是他肚子里的蛔虫，能看出他是多么渴望有人主动与他沟通。这样，被动的人都在玩同样的游戏，都在等待别人的主动，打破僵局的就是主动出手的那个人。

因此，低自尊 - 低他尊者要有将心比心的能力，在这样的场合，如果能从别人的角度理解别人的渴求，看到人性中的弱点，就会变被动为主动。在聚会中，你无须关注别人的态度，只需要把人都感知成为需要他人的人，成为一个主动的人。

我们要成为破局者，直接表达自己想要与人交流的信号，如主动进行自我介绍，主动发起一个话题，主动表现出对他人感兴趣。不要暗示“我想交流，我希望有人关注我”，而是成为一个发起者，一个邀请者，这样，我们才能不后悔，不自责。

做出这样的改变，意味着要冒被拒绝的风险。

我最近在火车上，就遇到这样的情形，我尝试主动与邻座的人沟通，对方却对我不感兴趣。我的态度就是接受对方的反应，而不去联想到丢面子的问题。我不想看手机，希望与对方交流，但他有自己的需要和想法，没有沟通的意愿，这说明，这个场合不适合沟通，或者我们没有缘分。我做了我想做的事情，其他的我控制不了。此外，这也并不能说明对方是一个冷漠的人或者对我有戒备的人。我承认，我不知道他在想什么，也不想关心这个问题，我只要管好我自己的事情就好了。我更加期望，我的主动只是一种本能的反应和习惯。

当我们把主动热情当作一种习惯和本能后，我们的世界只会变得更加精彩。

别把拒绝上升到尊严的高度

被人拒绝有许多原因，其中有客观的原因，也有对方的主观的原因。他人有权利不帮助你，这是他人的选择。

高拒绝敏感性的人一方面不信任他人，这使他们不敢求助于人。另一方面又把他人道德水平拔高，对于他人帮助自己有着过高的道德期待，过于倚重他人的善良，所以，一旦受到拒绝，就会过度难受。尤其是将拒绝与失去尊严和面子相联系，在他们心目中，被拒绝不只意味着损失，而是意味着被人侮辱或者愚弄了。

要克服高拒绝敏感性，我们不妨做到：

第一，求助资源多元化。比如，借钱应急，不要指望某个关系最好的同学借给你，要多选择几个可能借钱给你的人。这样，你就可以避免过度依赖某人，或者对某一帮助者有过高的期望。这样可以减少被拒绝后的自尊降低。

第二，做好被拒绝的心理准备。要事先想到，人心不可测，即使之前帮助过此人，也要做好被拒绝的准备。承认自己的读心有可能是错误的，被拒绝后的过度情绪反应，都是因为对方的反应出乎你的意料。降低期望值是较为保险的策略。

第三，不把拒绝与尊严联系起来，从客观的角度来进行归因。被人拒绝总是有理由的，无论理由是什么，都有其必然性。这个不涉及道德问题，只是人的选择问题。

只有无条件的关怀才能培养人际信任

我们知道改变人的低自尊－低他尊是非常困难的，直接提升自我评价是无效的，因为它忽视了自尊的来源，人际关系。

鲍德温等人通过改变人际关系的感知来改变自尊[15]。实验任务是让一半大学生想象一个无条件支持自己的朋友，无论自己做了什么，他都会接纳自己；另一半大学生想象一个苛刻地评价自己的人，或一个权威，他会根据自己的能力和才能来评价自己。

然后，让大学生做一个十分困难的任务，大家都会经历失败，任务结束后再让他们进行自我评价。研究发现，想象了苛刻地评价自己的人的那组大学生，在经历失败后，感觉更差劲，将失败归结于自己自身的原因，倾向于从失败中概括出整个自我都不好的结论。而想象无条件支持自己的朋友的第一组大学生，失败后对自己更加宽容，能够接纳自己的不足。

人际拒绝的敏感性和低自尊主要来自对他人的苛求与对被批评的预期，当有条件的接纳关系模式在大脑中被激活后，人们的自我评价就反映出类似低自尊或抑郁症的认知过程，涌现出自责感、差劲感。如果安全的、无条件地接纳关系模式启动了，自我评价过程就会更加倾向于自我接纳和自我宽容。

人们在行动之前对于行为会产生预期，这个预期以“如果……那么……”的形式出现，即“如果在这个情境中我这么做，那么那个人将以那样的方式反应”。预期使人们可以模拟交往的过程，导致行为的选择和读心术。

鲍德温等人用20年的时间研究了人际关系模式是如何无意识地激活了“如果……那么……”的消极模式，使人优先关注被人拒绝和自我批评。

那么，通过改变交往模式的消极性，能否改变有害的认知过程呢？

鲍德温等人进行了有效的干预研究[15]。

第一个研究是通过改变关系来改变做事的动机。人们如果出于他人要求和压力而做事，就会产生被动的动机。那么，是否可以通过操控这种关系来改变做事的意义呢？研究者让被试进行走迷宫活动。被试被分为两组，第一组进行命令性的指导，重复地对他们说“你这么做是应当的，接下来你务必再来一次，这是我们期望你做的”，另外一组进行不带有命令和评价的指导，如“只管做”“努力就行”，然后让他们报告走迷宫时的心情。第一组的被试更多报告说，是为了控制的原因而做事情，如内心想“我没有其他选择，我只能这么做”，也表现出更少的主动参与性。第二组则心情更加轻松，没有任何压力。

第二个研究的任务是让被试把自我与积极情感相联系。让被试报告自己的名字、生日和家乡，然后将这些描述编成电脑的反应时游戏，告诉被试，当有关自我名字、生日或家乡的词汇出现时，要尽快地按键。实验者设计程序的目的是，将有关自我的词汇与被接纳的信息联结起来。实验组中，每次屏幕上出现有关个人的信息时，就会跳出一个笑脸，而控制组的自我信息与笑脸、皱眉面孔或中性面孔进行随机地联结。练习结束后，让被试进行内隐自尊测验。结果表明，经过这样的练习，实验组的内隐自尊提升了，攻击性的想法和感觉变少了。

第十三章 告别虚假高自尊

抑郁症与自恋障碍代表了自我评价的两个相反的极端，极低的自尊水平与抑郁症有关，而自恋障碍则与虚假高自尊有关，表现为不切实际的、夸张的高自我评价。

本书中把自我评价远高于实际表现的自恋障碍叫作虚假高自尊。这种过高的自我评价是出于防御他人、掩饰内心低自尊偏差的目的，所以，从自尊的角度，我们称之为虚假高自尊。

虚假高自尊本质是低他尊，这种人经常以傲慢和贬低他人的方式与人交往，无视他人基本权利和情感，自我中心，不能与他人保持稳定和长久的友谊。虚假高自尊的人外表看上去与高自尊的人很像，只有深入分析才能发现他们之间的根本不同。

老李表面上看他没有低自尊的问题，每天感觉良好，参加老年操团队，参加乒乓球比赛，但内心深处，他是不是一个高自尊的人还是一个疑问。老李最为明显的特点是爱吹牛，逢人必吹。如果是在饭桌上，他就会说，自己当年吃遍了天下的山珍海味，这一辈子够本了。如果朋友谈起出国旅游的故事，他就会打断别人的谈话，说自己当年因为工作关系访问过多少国家。人们说起孩子，他又会说自己的女儿在外企工作，年薪百万。他虽然总吹嘘自己多么有钱，儿女多么能挣，但是，与人相处时从不给别人花钱。平时出去游玩，买一瓶矿泉水还叨咕，说当年哪有自己掏钱买水的时候。他虽然爱吹自己，但容不得别人吹。听说老年操的某队友买了别墅，他郁闷了半年多，从此不再搭理这个人。听说好友移居美国，去照看外孙，他也生气了一个多月，因为他自己的女儿 34 岁了还是单身。

虚假高自尊的人具有表里矛盾的自我评价，表面上他们像是高自我评价的，但是内心深处却是自卑的。他们自我肯定和拔高式地看待自己，是出于对内心深处的自卑的补偿。他们通过自我夸张、虚张声势来掩饰脆弱的自我力量，就好像一只软弱的小狗，通过狂吠来伪装强大，又好像公鸡，打架时通过竖起脖子上的毛来夸大自己的力量，掩饰自己的恐惧。这种装出来或演出来的高自尊是不稳定的、做作的。

外显高自尊，内隐低自尊

虚假高自尊者表面上看与高自尊者有许多相同点，如他们都不会轻易否定自己，不会被他人的强势吞没，不会让别人侵犯自己的心理边界，不会因为被别人拒绝或挫败而产生自责、自悔或自伤的反应。他们外向、果断，随时会捍卫自己的利益和立场。然而，虚假高自尊的人内心深处却并不像真正的高自尊者那样具有真正的自我认同和自我接纳，他们外表上的自强与自傲，是为了掩饰自己内心的自卑。

早期的自尊测量多是以语言报告法来测量一个人的自尊水平，即直接让人来回答有关的自我价值感。这种测量方式简单、易操作，但是有一个显著的不足，就是人们可以由于顾及别人的态度而采取欺骗式的回答，这就是心理学中的社会赞许效应。比如，如果自尊问卷的题目是“我热爱我自己”“我经常对自己持有正面的看法”“我觉得我是有价值的”，那么一个可能不是真正觉得自己有价值的人，也会回答说“我认为自己是有价值的，可爱的”；一个对自己不满意的人，也可能出于掩饰的目的而回答说“总体上我对于自己是满意的”。

这种测量自尊的方法被称为外显的自尊测验。它虽然应用广泛，但受到了不少批评。有人指出，这种测验过于宽泛、过于静态，在自恋者身上，这种自尊容易被夸大。

针对这些不足，心理学家们设计了一种内隐（implicit）的测量自尊的方法，内隐的测验能够测出人们自动化的、早期学会的、无意识的自我评价。比如，一个面对电视直播镜头的人，有人问他“你紧张吗”，他一般会回答说“不紧张啊”，但是如果测量他的心率、汗腺的活动和皮肤电阻，就会发现他与平时放松时的状态完全不一样，这些内隐的指标反映了他真实的紧张情绪。

最为著名的自尊内隐测验是“内隐联想测验”（implicit association test，IAT）。这个测验通过计算机来操作。在计算机上呈现自我与非我的词汇，如“自我，我是，自己是”等为自我类，“它、树木、房子”等为非我类。当自我类词汇出现后快速呈现积极或消极的词汇，如“美好的、可爱的、胜任的”，或者是“可怕的、不好的”等。测验主要考察一个人将自我与积极或消极词汇联系起来的速度，如果一个人能够很快地将自我与积极词汇联系起来，而较慢地将自我与消极词汇联系起来，就表明这个人具有内隐高自尊，而具有相反反应模式的人就是内隐低自尊。

当使用内隐的自尊测验测量人的自尊水平时，虚假高自尊的人往往体现出与外显的自尊测验差异较大的得分，他们内部的自动化反应与外显的自尊水平表现不一样。比如，如果在外显的自尊测验中，他们得了 10 分，那么内隐自尊可能就只有 7 分，出现表里不一的测验结果。真正高自尊和低自尊的人则不会出现这种差异过大的现象。比如，我和我的硕士研究生周雅的一项研究发现，有抑郁倾向的个体的内隐自尊水平与外显自尊水平相差不大[10]。

总体来说，内隐自尊可以理解为潜意识层面的真实自我评价，外显自尊则是经由意识加工后的自我评价。

正常个体的外显自尊较高于内隐自尊，这揭示了正常的人试图营造一种良好自我感觉的主观动机，这种动机，研究者称之为“自我提升”。

一般认为，自我提升可以提供一种自我保护机制，对于心理健康大有裨益。在正常个体身上，自我提升动机有着多种呈现形式，例如，他们会不切实际地将积极特征归于自己身上；在遇到挫折时会避免将失败归因为自身能力。

然而，在虚假高自尊的人身上，这种外显的自尊会被不合理地夸大，严重背离内部的真实的感觉。他们在掩饰自己的弱点和维护脆弱的自尊方面，投入了过多的精力，甚至不惜以损害他人利益和名誉的方式来保护自尊。

他人只是看客

同一个动机可以以不同的外在行为表现得以实现。心理学家阿德勒曾经讲过一个典型的例子，三个孩子来到动物园，面对凶猛威严的狮子，第一个勇敢的孩子说："我不怕它。"第二个胆小的孩子躲到母亲的身后，对母亲喊道："妈妈我害怕。"而第三个孩子内心发抖，却表面镇定地对母亲说："妈妈，我能不能向它吐一口唾沫？"第三个孩子面对狮子，也会产生害怕，但他通过表面的勇敢，来掩饰自己的恐惧。

虚假高自尊的人自我感觉良好，给人的印象是自我满足的、得意扬扬的，他们的高自尊给人一种刻意的、做作的、生硬的感觉，令人觉得不舒服。我发现，虚假高自尊的人对自己经常报喜不报忧。他们好像有两个账户，一个是自己的，全都是好事，另一个是外人的，全是坏事。

老张经常谈及自己认识很多重要人物，自己又与谁一起吃饭了，自己儿子的表现如何优异，从不提及自己家中的坏事，其实，他的话中具有明显的隐瞒与虚夸的成分，他的家庭、工作都有许多不尽如人意的方面。比如，他得了胃癌，切除了3/4 的胃，一天要吃 8 顿饭；他的小外孙患有自闭症，每年花费巨资进行康复矫正；他的审计出现了一些经济问题，影响了他的待遇。他内心并不快乐，经常做噩梦，经常感觉身体不舒服，但是，他绝不会让别人看出他的软弱。只要他活着，就要吹牛，就要让别人看一看自己过得多么好。

虚假高自尊的人的自我吹嘘与真正高自尊的人具有本质的不同。

首先，他们自我吹嘘的特点是不分时间地点、无理由，且唐突，具有刻板性，好像只要一开口，就是吹牛。许教授已经退休多年，但每次见到同事，不用寒暄与交流，他就会自报家门，说自己多么忙碌，刚从外地讲学回来，有许多单位要聘任自己，自己的工作是多么重要，等等。即使面对并不太熟悉的、不想与他深聊的人，他也会主动地抛出一系列自吹的话题，让人觉得意外而不舒服。

其次，他们的吹嘘是想象的、不以事实为基础的，缺少对做事过程的描述和情感投入，是闭上眼睛的吹嘘。真正高自尊的人也爱讲成绩，但一般讲的是以事实为根据的成绩。我的一个朋友，聚会时经常讲自己的生活是多么丰富多彩，但是，他讲的都是故事，比如旅行中的趣闻，或他是如何组织自己的大学同学一起去云南的细节，他也有自我中心偏差，但是并不极端和刻板。

再次，虚假高自尊的人的吹牛动机明显是与“同他人积极沟通、分享自己的好体验”对立的，其主要目的是表明自己是优越的，让别人羡慕自己、崇拜自己。

最后，他们的吹嘘纯粹是自说自话。他们沉迷于其中，缺少与别人的互动。与人交流时，他们通常滔滔不绝，毫不理睬别人的反应，如果别人想表达，会被他们立即打断。

他们尤其缺少共情他人和尊重他人的能力，在他们心目中，他人只是陪衬、听众，只可鼓掌，不可参与。他们甚至会通过贬低别人来抬高自己。

金女士的话题永远在自己的好事上，如女儿多么出色，自己多么能干。一次家长聚会上，当听说别人的孩子考上省城的某一所重点高中时，她马上说：“这所中学一点都不好，学习压力很大，老师管教非常严格，吃饭都要计时，听说有学生压力过大自杀了。”后来，她却给女儿报了这所高中。当听某朋友说起孩子暑期去了某著名会计师事务所实习时，她又说，这个会计师事务所压榨员工，员工天天加班到半夜，不少人都辞职了。可她自己女儿毕业时，却进入了这个会计师事务所工作，而且她还得意扬扬地四处吹嘘自己的女儿找了一个好工作。

虚假高自尊与低自尊的最主要的区别是对待他人的不同。低自尊者对他人持有矛盾态度，一方面依赖、需要他人，所以，有时还能关心他人、共情他人，另一方面，如果看到别人比自己强，也会嫉妒、羡慕、恨，但产生了这种想法之后，他们会反省自己，认为自己不应当这样想。从这个意义上，可以说低自尊者是软心肠的。而虚假高自尊的人对待他人是硬心肠的，缺少基本的共情和关心。他们认为，他人要么与自己无关，要么不配享有与自己一样的权利和利益，他人越差才越能反衬出自己的优越。

金女士有一个相处多年的朋友王女士，有一天王女士得知金女士的女儿在会计师事务所工作，于是请求金女士让女儿利用周六的时间帮助自己弄一下账目，并咨询一下在财务上如何注销一个公司。金女士在电话里说：“你这个时间上实在太不巧了，我女儿周六要加班，抽不出时间，等过一段女儿忙完了，一定帮忙。”结果王女士刚出门就碰巧遇到了金女士的女儿，寒暄过后，直接说了请帮忙的事情，她女儿很爽快地答应了。原来，她根本没有周六加班这回事。

金女士有暗黑人格，表面上与人正常来往，但内心深处非常黑暗，不愿意帮助别人。在她看来，求别人帮助自己可以，但让别人占自己便宜没门。她尤其不能看到别人过得好。

反击与报复

与低自尊者一样，虚假高自尊的人对于他人的批评与拒绝也具有敏感性，即非常在乎来自他人的负面评价，但是他们不会像低自尊者那样压抑自己的愤怒，而是必须要及时反击，过度反击，让对方下不来台。

如果经历挫折与失败，他们会迁怒于别人，或归咎于环境，推卸责任，通过责备和惩罚他人而获得内心的解脱。

在一项研究中[2]，研究者考察虚假高自尊的人受到威胁时的行为表现，要求他们写一篇论述某重大事件的文章，并告诉他们文章会由一位在隔壁房间的人进行评阅。实际上，这个评阅者是实验者虚拟的，并不存在。评阅者的评价分为两种，一种是好评，如“这篇文章太棒了”，另一种是差评，如“这是我读过的最差的文章了”，然后安排虚假高自尊的人与虚拟评阅者在电脑上合作解决一个简单的问题。

实验规定，谁解答问题的速度慢，另一个人就按键，给一个噪声进行提示。实验者有意安排虚假高自尊的人为答题速度快的一方，可以惩罚对方，结果发现与正常人相比，虚假高自尊的人在受到贬损的评价后，给评阅者的噪声是最长的、最强烈的。他们在对低评价者施以侮辱性的反击和报复。

张明是初二学生，有一天与刘楠发生了口角。刘楠踢了他一脚，他正准备回击，班主任来了，其他同学把他拉在了一旁。张明妈妈发现张明近期吃不好饭、睡不好觉，每天都在琢磨事情。原来，他咽不下这口气，情绪烦躁，无法集中注意力学习。第三天报复的机会终于来了，刘楠正在小便，张明从背后一脚将刘楠踹进了小便池。从此，张明的心病好了，他又能骑着自行车，哼着小曲上学了。在人际交往中，张明这类人从不能吃亏。

维护自我形象最重要

虚假高自尊的人把所有精力都用在了维护自己的优越形象上，他们不能正视任何有关自我的瑕疵，用力关闭有关自我缺点的大门。他们有些像皇帝的新衣中的皇帝，其他人都知道他没有穿衣服，只有他自己认为自己穿了。

陈女士与固定的五位好友定期聚会。有一次，电话中通知的是第二天中午 12 点在某餐厅吃饭，她却记成了 11 点，于是第二天和老公 11 点准时来到了餐厅，结果等到 11:40 了还没有来人。她感到愤怒无比，一气之下，与老公离开了餐厅，并给各位朋友发微信，说他们不守信用，以后她不再参加此类聚会。几个朋友事后再三向她解释，她也不理睬。给她老公打电话，她也不让接。陈女士的愤怒反应让大家很是不理解。从此，这几个朋友聚会时再也不通知陈女士了。

虚假高自尊的人犯了错误后永远不会承认自己犯了错误，他们不能正视自己的任何瑕疵。

科尼斯（Kernis）等人发现，虚假高自尊的人的自我价值感是脆弱的，容易受到外界消极事件的威胁，对外界的消极反馈具有强烈的厌恶，对于积极反馈则加以夸张与放大。遇到挫折或批评，就算他们潜意识中在自卑与自贬，也绝不会把这些负面的自我评价表现出来，他们会利用一切力量来维护外表的尊严，绝不会承认自己是一个弱者，会不如人。

逆反气质

为什么同样出于保护脆弱的自我评价与自我价值感的目的，低自尊的人会表现出较低的自我评价，以自我怀疑、逃避、放弃、自责或自虐的方式对待自己或者现实问题，而虚假高自尊的人却表现出固执而刻板的自我维护与自我夸大呢？造成两者如此不同的甚至是相反的心理活动的原因是什么呢？

我认为，应当结合家庭教养方式和先天的气质来理解。

所谓气质是先天的神经类型。虚假高自尊的人通常具有逆反的气质，对于他们来说，独立意志、勇敢从来就不是什么问题，他们冲动、鲁莽，面对批评与惩罚善于反抗，不易屈服。他们具有刚毅的性格，不会被他人的强权与压迫所压倒。

这种性格气质如果遇到温暖、民主的父母教养方式，也许就会培养出来安全感与自主性，并激发他们有关他人的善意的信念。如果父母以无条件的爱来对待这样的孩子，他们也会发展出对能力的追求和对爱的追求，形成高自尊－高他尊型人格。

不幸的是，这种逆反型的儿童，家庭教养方式往往是苛求的、暴力的、压迫的，父母通常是强势的，把自己的要求强加给孩子，如果孩子反抗、不服从，他们就施以高压政策，打骂与严惩孩子，而高压和暴力反过来更加重了孩子的逆反，使孩子在心中形成了有关他人是坏的的心理表征。他们不信任他人，认为他人是可恶的。批评与压制不仅不能让他们屈服，反而更加证明他人是坏人。他们认为压迫者是要下地狱的，而我是打不垮的，如尼采所说，杀不死我的必使我更加强大。

然而，这种由逆反力量所形成的高自尊只能作为抵抗批评与惩罚的权宜之计，不能形成本真的自信，尤其是不能通过亲子间的积极关系、安全型的依恋来形成高自尊和高他尊。虚假高自尊的人表面的自我肯定只是不示弱、否认自卑和抑郁的防御性的表达。

由逆反所形成的高自尊仅仅是一种无基础的、脆弱的和不稳定的自我保护的方式，其动力模式是有缺陷的，执着于“不要攻击我，不要说我坏，无论如何你不能贬低我”这样的自我防御的目标。

虽然在自我的好感觉上和生活满意感上，虚假高自尊的人比低自尊者水平要高一些，但他们仍然有着诸多不适应，如难以与人建立亲密的关系，失败后因为不善于自我检讨而难以接受教训，难以与同事，尤其是权威建立和谐的关系，导致周围的人不喜欢或者疏远他们等。

看来，以自我好感觉为代表的高自尊不应当是我们追求的人生目标，我们不能依靠虚假的自我价值感来欺骗自己的情感，因为它是不稳定的，也将自己置于他人的对立面，妨碍我们人际联结需要的满足。我们要学会追求以联结、自主和能力提升为内容的人生目标，将高自尊建立在高他尊的基础上。

克服自我中心，走向自我觉察与共情

我们前面介绍了心智化概念，主要描述了他人心理状态的不透明性，在此，我们要指出，心智化还有一个重要的方面，就是承认自己的感受、思维和动机也是模糊的，承认我们经常不了解自己是谁，自己是什么人。也就是说，我们必须对自己的判断、意志进行反思，意识到占主导的想法不一定合理。

放弃执念，承认无知

虚假高自尊的人在面对人际关系冲突时，过于快速地、冲动地做出判断，过于相信自己的个人直觉："这点事，我早就看透了。""我还能有错？我相信我的直觉，你就是一个坏人。""我是谁呀，这点事还搞不定？"

被问到为什么知道，他们往往回答说："我就是知道你，我比你还了解你。"

其实，无论什么人都要学会对自己的感觉的正确性进行怀疑，不能对自己的感觉完全认同。这种反思才是心理灵活性的体现，有助于克服交往中的己方偏见。

低自尊-低他尊的人，一方面不自信，另一方面又过于固执，对自己的感觉和判断具有偏执式地执着。他们需要灵活地对待自己的信念，不要形成执念和妄念。我曾经写了一首诗，献给固执的自我。

我真的一无所知

我千百次地命令你、责备你、鼓励你
我千百次地恨你、爱你
我甚至做作地练习慈心禅讨好你
其实，我必须承认
我真的不了解你

我以为我是你肚子里的蛔虫
比你还了解你自己
我以为我比你更加爱护你自己
其实，我必须承认
我真的不熟悉你

我不知哪来的自信去控制你
我不知哪来的残暴去虐待和攻击你
我不知从哪来的确认来代表你
现在，我必须承认
我自己经常处在黑暗的盲目里

如果有一种爱叫放手
那么一定也有一种恨叫放手

如果我开始承认不了解你
我就会敬畏和远离你
我们的邂逅就会成为美丽的见证

我要容纳
容纳你的自由流动
你的无穷的变化和创造
你的潜能向现实的实现
你在过程中的成功与失意

我要理解
理解你的快乐与幸福
你的焦虑与沮丧
你的宁静与慵懒
你的恍惚与专注
你对时间的浪费与珍惜
你的拖延与坚持

我要好奇
好奇你的无常变化
你的喜怒哀乐
你的冲动与控制
你的敏感与迟钝
你的清醒与昏睡

我无知
无知我的脆弱与保护
我的强迫与执拗
我的意志和意愿
我承认，
我只是一个黑暗中的探索者和好奇者

我开放
在生命的三万多个日子里
每天都是簇新
每天都是唯一
每天都是流变
而我不只是一个掌控方向的舵手
还是一个承载着小船和洋流变幻的大海

克服虚假高自尊的关键就是克服“己方偏见”，承认自己是一个普通人，一个会犯错误的人，发现藏于内心深处的柔情，成为一个刚柔并济的人。

学会共情

共情是人际联结的基本方式，只有通过共情，我们才能走进他人内心世界，与他人建立联结，从而克服自我中心。

所谓共情是指对他人的想法和情感感同身受的过程，即从他人的立场出发，换位思考，把自己想象成为他人，努力去理解和体验他人的感受。

共情首先是一种摆脱自我中心的态度，一种倾听他人、尊重他人的姿态。共情的前提是做出自我牺牲，放弃自我中心的情感和立场，将自己看成是与对方平等的人。

基于以上的共情的态度，共情的技巧或沟通的方法才能发挥作用。有人仅仅掌握了共情的技巧，但是缺少善良之心，他运用的共情技巧只是利用他人、欺骗他人的手段，最终还是为了谋取利益，这种共情就是伪共情。

共情要准确。准确不能以自己的标准做判断，比如，你不能说“我已经完全理解你了”“我这么努力地体验你的感觉，你一定会感受得到的”“我比你还理解你呢”。共情是否准确要以对方的判断为标准，只有对方感觉到被人理解和共情了，才会产生积极的效果。

共情与共感不同。共感是指某人的情感感染了另一个人，使两个人的感觉有了共鸣。共感是不受自主控制的情感反映，是情绪感染的自然结果。比如，听了某人的故事，你被感动得流泪，看到他人伤口，你仿佛也感觉到了疼痛。

共情是有意识的、怀着关爱之心的对于他人情感的理解和感受，表明了一种情感支持和陪伴。表达共情通常是以“我”开头的，如，“我理解你的悲伤”“我也有过失去亲人的感受”“看到你如此着急，我也很急”“看到你不开心，我也很难受”。

有三个共情的方法，介绍如下。

（1）选择一个准确表示他人情绪感受的词汇，比如：

- 你感到很尴尬。
- 你觉得自己很无能。
- 这让你感觉很不公正。
- 你看上去非常愤怒。
- 你一定感觉很悲伤。

（2）用自己的语言复述他人说过的话，比如：

- 你的意思是你被领导批评了，你觉得委屈，因为这不是你的错，对吧？
- 你差三分钟没有赶上 112 次高铁，你感觉太难受了。
- 你考了第一名，你感觉自己很棒。
- 有人告你状，你非常生气。

（3）表明你的接纳与爱，比如：

- 我知道学习数学是很难的。
- 我们都有过分离的感受。
- 我相信你会尽力的。
- 你认为自己长得丑，但我不这样认为。

对于虚假高自尊的人来说，自我调节和自我修炼的任务是很繁重的。他们既要学会通过反省来使自己怀疑自己的武断，进行自我批判和自我纠错，又要在面对他人时学会把自己变成他人，站在他人立场看问题。这是一个克服自我中心、走向关爱他人的重大修炼。

结语

从追求自尊到建立稳定内核

既然高自尊有那么多的好处，低自尊有那么多的坏处，那么，读者是否可以得出结论：低自尊的人一定要学会改变自己，成为高自尊的人？

理想是丰满的，现实是骨感的。心理学的研究表明，追求成为高自尊的人既不可能，也非必要。正如美国自我决定理论创始人德西与瑞安所说的那样："自尊对于拥有它的人来说，却不需要它，对于需要它的人来说，却不拥有它。"这句充满哲理的话表明，我们不能以拥有高自尊为人生目标，更不能直接追求高自尊。

自尊是一种稳定的特质，不易改变

追求高自尊困难重重。

心理学家认为，自尊可以分为特质自尊和状态自尊。特质自尊是指一个人长期生活形成的自尊风格，表明该自尊已成为此人的人格特点。特质自尊是有关自己是什么样的人的整体感觉，也可以叫作整体自尊。而状态自尊是受一时环境影响的波动的自尊，随事情的好坏结果而变化。当我们说自尊的时候，主要是指有关自我的整体评价，即特质自尊。

特质自尊是在长期的成长过程中，在重要他人对我们的评价和态度的影响下，形成的我们对自己的评价。它不同于发生在成功与失败、被接纳与被拒绝之后形成的一时的自我感觉。它形成之后具有稳定性，对我们的日常情绪波动具有调节作用。

从这个意义上可以说，特质自尊有些像信念。所谓信念就是带着情感的相信，从不怀疑。信念是无视任何相反证据的坚定。比如，就自信来说，它是指相信可以自己做任何事情的感觉，是整体的胜任感，因此，它与某一个特殊任务的成败无关。

特质自尊不易发生根本性的改变。比如一个高自尊的人失败后心情也会变差，这个是自尊的显示器的作用，只是出于调节作用，高自尊的人不会感觉自己就是一个差劲的人，或一个失败的人，他只是感觉被打击了一下，但认为自己绝不会被打垮。一个人多少都会被某一事件的具体反馈所影响，但特质自尊决定了这种影响力的大小。例如，某一个学生具有自信的人格特质，相信自己的能力，但是，他的数学期末考试失败了，这会不会打击他的自信呢？暂时会，但长久地看，他能恢复。而一个对自己整体能力缺少自信的人，如果某次期末考试取得了第一名，这会不会提升他的自信呢？暂时会，但自信无法持续，到了下个学期，他又会变成一个不自信的人。

那么特质自尊一经形成就永远稳定吗？总体来说是这样，但是，也有例外，在某些情况下，特质自尊受到的影响会非常大，甚至会因此有所改变。

有两种特殊的情况可能会引起特质自尊的变化。

第一个是人生重大事件。如果经历了重大的人生事件，如离婚、得癌症或者职位的晋升，就会容易影响特质自尊。

第二个是长期的、普遍的反馈。如果一个人长期处在失败中，或者在人生的各个领域都失败了，如家庭不和、工作不顺利、孩子学坏、朋友离弃，他的特质自尊就会发生改变，甚至他会得抑郁症。特质自尊不易抵御这种明显的、长期的、普遍的消极行为结果的影响。

追求高自尊：南辕北辙

追求高自尊是指将努力的方向直接定为高自我评价，即热爱自己，获得他人赞赏，获得令人羡慕的名利，取得高人一等的社会地位，赢得他人的尊重。

当一个人把高自我评价当作直接目标时，好像在抓住自己的头发把自己拎起来，不可能做到。他会陷入拔高－降落－拔高的无尽循环中。

追求高自尊不可能

人们不能通过模仿高自尊者的良好自我感觉来提升自尊。研究表明，这种直接提升自尊的方式完全是南辕北辙。

心理学家伍德等人做了一个实验[12]，把大学生分为两组，对实验组进行干预，让被试每天练习四次，每次四分钟，出声地对自己说“我是可爱的”“我感觉很好，我所做的一切都是很有价值的”。对照组则什么都不做。结果发现，在自尊的后测中，每天练习提升自尊的低自尊大学生，比什么都不做的对照组得分更低了。有趣的是，在前测中自尊得分高的大学生通过这样的练习，自尊水平比对照组提升了。

还有一项研究，让大学生被试接受一个陌生的异性的评价[12]，主要是评价其社会交往能力。在准备期间，让那些社交方面不自信的人对自己说："我感觉非常有信心，我与其他人一样具有出色的社交能力。"结果发现，这样的自我对话不仅没有缓解紧张，反而激发了他们消极的自我评价。

整天对自己说"我很棒"为什么无效呢？

如本书前面所述，人们具有维护自我概念一致性的动机，当接收的信息不符合自我概念时，人们不相信它。

第一，低自尊的人们可能并不相信这些话，他们虽然口头上这样说，但情感上仍然不接纳自己，而高自尊者本来就具有自信心，当他们对自己说"我很棒"时，与自我概念一致，所以具有激励作用。

第二，语言有联想的作用，越是说"我很棒"，在主观上越有可能联想到"我还不够棒"。在"接纳与承诺疗法"中，"牛奶、牛奶"的实验证明了这点。实验者让被试想象三秒钟牛奶的香味、颜色等，然后让他们尽量不要想牛奶，结果发现，与对照组相比，越是让人们压抑自己不去想牛奶，他们反而会更多地想到牛奶。

当诱导人们说"我很好"的时候，会让人们想起"我还不够好，还有比我更好的人"。这种自我激励引起了相反的联想，如"我还不够可爱，我还不像某人那样深受欢迎，我要变得更加可爱一些"。比如，当一个低自尊的小提琴家听到掌声时，他会高兴，但很快就会想到自己的演出还有瑕疵，如果演出中不出现这些瑕疵，掌声就会更加热烈，或者联想到上次的演出不那么成功，自己还不够稳定，也许下次演出就不会那么好了。

埃利斯聪明地认识到了这一点，他说："我也尽量不说自己好，从不对自己进行评价是更加明智的。"

那么，低自尊者的人难道就不需要挖掘积极的自我资源了吗？低自尊的人尽管缺少积极的自我资源，遇到自我形象可能受损时，可运用的积极自我力量很小，但这并不能说明他们本身一点积极自我资源都没有，只是在过去经验中，他们没有积累丰富的积极经验，他们很少有机会学会展示自我、实现自我，而是学会了更多的自我保护。

在这里，挖掘积极的自我资源不是简单地回到整体的自我肯定，如认为自己是一个不错的人，发现自己的长处，也不仅是学会真正认可自己的人生价值、珍惜这些价值，更重要的是去实现这些价值。

追求自尊对心理健康有损害

追求自尊是指过于看重别人对自己的评价，把主要精力放在维护自我形象上。当一个人把自尊当作追求目标时，就像一个上错车的人，越是努力加速，离真正想要的人生目标就越远。

追求自尊对于人的心理健康损害有如下几个方面：

（1）对注意力的损害。当人们追求自尊时，就意味着他们做事情会更加注重自我的表现，而妨碍对事情的专注。人的注意力资源是有限的，要么转向外界，要么专注于内心的体验，不可能同时注意二者。追求自尊会激发自我专注，令人把人生的焦点放在维护自我形象上，妨碍做事的专注力和人际交往。

（2）对自主性方面的损害。一个人越是想要得到别人的承认，越容易讨好别人，就越容易感觉到焦虑、担心和压力。失败不仅意味着没把事情办好，还意味着被他人笑话和贬低。想要让别人羡慕的动机会把自我存在的意义完全建立在事情的结果上，这种外在目标会导致一个人形成不合理的信念，即“必须完成它，不得不实现它”。这正是压力和紧张的源泉，它妨碍学习与工作的效率。将做事情与自尊联系起来后，人们由于害怕失败，为了维护面子，在做事时，就会去选择自我损害的应对方式，如拖延、有意不做、优柔寡断，因此降低了成功的机会。

（3）陷入比较的误区。成功和自我表扬会提醒低自尊者与理想标准进行比较，看到与理想标准的差距。当低自尊者进行自我表扬时，他们会下意识地将现有信息与自我理想进行对比，以便进一步地符合这个标准。比如，一个低自尊的学生，如果期末成绩不错，他会下意识地想到自己的文艺成绩还不够好，如果唱歌得了第一名，就会想到自己的语文成绩还不够好，如果语文成绩不错，就会想到数学成绩还不好。他们经常缺少满足感，也就是说，成功的结果会把他们推向“比较”的恶性循环过程中，不能自拔。当下的好结果促使他们痛苦地联想到“我还不够好，还要加把劲”。

当失败的结果无法回避时，人们就会利用各种其他手段来保护自尊，如向下比、不承认现实、抱怨环境因素或攻击他人等。比如，有研究指出，一个追求自尊、为了得高分而学习的人，更有可能选择考试作弊。

（4）对人际关系的损害。以自尊为人生目标也会妨碍人际关系的建立，如果把注意力集中于如何表现自己、如何超过别人，就会防御他人，认为他人是竞争者和对手，而不是资源和支持者，同时，也会导致对别人的需要和感觉有所忽略，形成基本的敌意。

在偏远的农村，有一家的三个孩子（一个男孩和两个女孩）在上学路上被人绑架并残忍杀害，凶手竟然是他家的表侄子张某。他们都住在同一个镇上。谁都想不到是张某干的，因为张某一向老实、内向、从不惹事，鸡都不敢杀。据张某交代，两家的爷爷辈是邻居，而且是同姓表亲，多年前因为张某爷爷家的旧房改造要盖新房，被害者的爷爷李某坚持不让张家的房子超过自家，因为两家的房子并排，对方的房子如果高于自己的，就意味着自家要抬不起头了。李某放出狠话："你垒一块砖，我就扒一块，不信你试一试。"其实，李某只是说了一句气头上的话，而且最终张某爷爷的房子仍然比李某家的高了30厘米左右，邻居李某也没有动手阻止。按理说张某家已经占了便宜，事情就过去了，但这句话让张某记恨了多年，难以释怀。他耳边经常响着这句话，"你垒一块砖，我就扒一块，不信你试一试"，终于有一天对李某家的小孩子下了手。这个案件说明追求自尊引起的伤害能量有多么大，这种蓄谋令人恐惧。

高自尊与低自尊各有利弊

近年来，心理学家开始质疑自尊教育，并怀疑高自尊的功效。美国加利福尼亚州（以下简称"加州"）自尊教育项目报告表明，这是一次彻底的失败的尝试。该研究小组期盼获得的积极结果，一个都没有实现。比如，在欺凌行为方面，高自尊和低自尊水平的孩子没有什么区别，他们欺负别人的动机很复杂，可能出于自卑，也可能是出于自我表现或显示自己的强壮，高自尊和低自尊水平的孩子都有可能欺负别人。

根据我们的观点，造成这种结果的根本原因就是脱离他尊来理解自尊，没有高他尊的自尊是自恋的。高自尊必须结合他尊才能产生良好的行为。缺少他尊制约的高自尊存在某些方面的不足。

（1）攻击性较强。当缺少高他尊的制约时，高自尊的人如果感觉受到了侮辱，会倾向于较迅速地对他人展开猛烈抨击，而不是反思和检讨自己。

在学校中，经常有高自尊 - 低他尊的家长，遇到儿子欺负同学，采取不承认、不道歉的态度，而一个低自尊 - 高他尊的家长遇到此类情境，可能更容易承认自己教育的失败，并采取正确的处理方式。

在一项研究中，研究者告诉大学生，他们的智力测验分数低于平均水平，结果发现，高自尊的人会通过抨击和贬低出题人，或通过抨击测验的公平性来获得内心补偿，而低自尊的人会对他人表示恭维和羡慕。高自尊使自我情绪受益，但这有时以损害他人为代价，过高自尊的人有时在自我受到威胁时，不能兼顾别人的情绪和感受，显得以自我为中心。

（2）脱离高他尊制约的高自尊的人在自我受到威胁时，往往不够灵活。比如面对明显的失败与不可能，他们仍然会坚持不放弃，这种过分自信和冒险的倾向往往会导致重大的损失。

（3）不够谦虚。高自尊的人认为，自己是可爱的、吸引人的，能够与他人建立良好的关系，而实际上，来自他人的客观评价却往往并不是这样。比如，有一项研究让大学生评价自己的交往能力，包括与人建立友谊关系的能力、交谈能力、解决冲突和提供情感支持的能力，高自尊的大学生十分确定地报告说自己具有这样的能力，但是，他们室友的回答却显示他们的交往能力只是处于一般水平。再有，高自尊的人对自己受他人喜欢的程度更加自信，而低自尊的人则认为他人不喜欢自己，然而，来自他人的客观评价却并没有发现这种差异，而是显示高自尊和低自尊的人受他人喜欢的程度是相同的。

综上，高自尊并不是与“一个真正的好人”相联系，而是与自认为“我是一个好人”相联系的。相信自己有能力获得幸福、有能力掌控外部世界，相信自己一定会受到他人的喜爱与接纳，相信自我有价值，这与客观上的成功表现和真实的他人的爱戴并不是一回事。

同理，低自尊难道就没有一点好处吗？不是。低自尊具有如下好处：

（1）不易招致嫉妒与攻击。一个人如果经常保持低调的处事风格，就不会引起别人的注意，自然也不会招致别人的嫉妒与攻击。低自尊者的谦虚，也使他们容易受到周围人的喜欢与接纳，人们会认为他没有威胁，不用提防他，遇到困难时，他更易得到帮助。

（2）安全。低调行事还有一个好处就是不用承担责任。表现出众或者担任领导意味着有权力，也意味着要承担更多的责任和风险。当掌权者遇到重要的事情要做出重大决定时，这个决定往往事关重大，必须有足够的勇气来担当。高自尊的人在掌握权力的同时也承受着更多的压力，而低自尊的人通过保持低调，当一个随从或观众，避免了这样的担当，危机时，可以保护自己。

（3）自我保护。虽然低自尊者倾向于悲观地看待自己和世界，但是，面对危险的现实，这种想法具有自我保护功能。面对失败的既成事实，低自尊的人会觉得，“这是我已经事先预料到的，既然失败是很可能的，失败了就应当接受”，因此少有失望与愤怒。有研究表明，在经历电击而逃不出去的实验条件下，乐观、自信的狗反而不适应环境，它们愤怒地反抗，徒劳地撞击墙壁，因为反抗无效反而更加生气，结果极大地损害了健康，不是得了胃溃疡，就是患了心脏病。而容易放弃的狗，被电之后选择哀号而不是挣扎，反而活得更长。人胜不了天时，低自尊的人可能更具有适应性。

（4）低自尊的人不一定低效。研究表明，高自尊和低自尊水平的人在工作成效、学习成绩、事业成功或收入方面并没有什么差异，很可能的原因是，影响成功的因素有很多，而自尊作为人格因素只占一小部分，工作绩效、学习成绩与一个人的智力水平、努力、运气等因素都有关。此外，只有自视过高的态度而没有行动，可能会妨碍成功。对一个复杂而困难的事情，过于自信的人可能准备不足，或者轻敌、麻痹大意。比如，面对一个重要的考试，一个自信的人认为自己的能力绝对没有问题，手到擒来，于是不认真复习，反而会失常发挥。而低自尊不一定妨碍成功。比如，面对一个重要的考试，不自信的态度或许会使人焦虑不安，使学习过程中伴随着紧张与痛苦，导致心理负担过重，妨碍创造性，但是，焦虑与紧张也可能使一个人非常重视考试，投入大量的精力，精益求精，最终顺利通过考试。

总体而言，高自尊与低自尊各有利弊，在某些环境下具有适应意义，另一些环境下没有适应意义。低自尊的人怀疑自己的能力，担心他人是否喜欢自己，这有助于他们整合他人的反馈和意见，但缺点是也使他们对于自己的目标不够执着与信任，只能依赖他人态度来确认自己的正确性。而高自尊的人相信自己的能力，高估自己的智力、吸引力，这些积极的错觉在某些环境中有助于自我提升（比如，一个高自尊的人在适当的时机会主动要求老板加薪，维护自己的利益），使人牢记自己的重要目标和需要，但是有时也会妨碍虚心听取别人的意见，使人难以发现自己身上的不足，妨碍从他人身上或环境中学习到更多有益的教训。

这给我们的启发意义是，我们不必过于纠结主观的自我感觉与自我评价的好坏，自尊不是生活的全部，也不能决定事情的结果与人生的前途。当自我感觉较差时，我们应当接受它，学会不理它。当自我感觉较好时，也不要过于得意，而是领悟到这些只是一种自然的感受，重要的是我们要投入当下，做好手头的事情。

如果不以自尊为目标，我们应当追求什么？

稳定的自尊是情绪的压舱石

科尼斯等提出了“自尊稳定性”（self-esteem stability）这一概念，自尊稳定性是指自尊作为一个稳定的人格因素，相对独立，不太受一时一刻的成败结果的影响，也不受别人一时对我们排斥与否的影响，反而能调节这种由一时的成败造成的心情的波动，或者是缓解由暂时的人际关系受挫形成的消极情绪。自尊稳定的个体的自我感受通常维持在一个相对恒定的水平，不受积极或消极生活事件的影响。

稳定的自尊可以分为两种（见图 14-1）。

第一种是稳定的高自尊或特质高自尊。这种人不易受环境中的不利因素的影响。他们经常是生机勃勃、精力充沛的，对自己充满自信，即使是受到了打击和挫折，他们仍然不轻易放弃。

第二种是稳定的低自尊或特质低自尊。这种人对自己信心不足，做事前先往坏的方面想，保守、重视安全。他们的特质低自尊不受环境的影响，即使是环境中出现有利的反馈，他们仍然无法从中得到激励或强化。

自尊稳定性的反面是“自尊易变性”(self-esteem variability)，此概念描述了个体在特定情境下自我价值的即时感受的波动特性。相比自尊稳定者，这类人缺少定力，不知道自己的真正需要是什么，自我的内核容易破碎，易受他人的观点的影响。

自尊易变者的自我感受取决于近期发生的生活事件的影响，自尊不能起到调节行为的作用。环境中的积极或消极的结果反馈决定了他们当下自尊水平的高低，暂时的成功与失败导致了自我价值感的巨大波动。

不稳定的自尊也可以分为两种不同类型（见图 14-1）。

第一种是不稳定的高自尊，即虚假高自尊。他们的高自尊是脆弱的、易变的，遇到挫折或批评，就会在潜意识中产生自卑与自贬的想法，但是他们绝不会让这些负面的自我评价表现出来，他们利用一切力量来维护外表的尊严。

第二种是不稳定的低自尊。这个类型的人通常具有低自尊者的特点，但是，偶尔成功或被人欣赏了，他们的自尊水平就会异常上升，变得飘飘然。不过这种高自尊的状态持续时间很短，遇到挫折立即被打回原形。

自尊稳定性反映了自我调节的力量，自尊稳定者具有非常强烈的、一致的自我感觉，他们不轻易受到外界的积极的或消极事件的影响，这决定了他们的心理健康水平。

	稳定	不稳定
高自尊	稳定 高自尊	不稳定 高自尊
低自尊	稳定 低自尊	不稳定 低自尊

图 14-1　自尊和稳定性

稳定的高自尊者具有恒定的乐观、自信，情绪稳定，心理健康水平最高。

稳定的低自尊者虽然不那么主动、积极，对自己的评价较为模糊，甚至偏负面，但是他们一直就是这样的性格：不愿意张扬，做事低调，谨慎小心，以安全为第一考虑。总体上，也能适应环境。

自尊易变者则是不能适应环境的。科尼斯等人发现，自尊不稳定者自我价值感是脆弱的，容易受到外界消极事件的威胁，对外界的消极的反馈具有强烈的厌恶，对于积极的反馈则加以夸张与放大。其自我感受取决于近期发生的生活事件的影响，自尊不能担任调节行为的作用。

恰如其分的自尊是王道

最近，国内出版了一本由法国心理学家安德烈所撰写的讨论自尊的书，中文的书名起得很好，叫作《恰如其分的自尊》，虽然该书只是在结合日常生活现象讨论自尊，但是，透过书名所传达的道理是非常具有启发性的。

自尊就在那里，我们的自爱水平已经稳定，重要的不是提升自尊，而是让我们的自尊发挥出积极作用，让我们更好地适应环境的要求。

首先，我们应当根据环境的要求，调节我们的自尊水平，让自尊因地制宜地、恰当地发挥作用。

比如，当战胜逆境的机会渺茫，人不可胜天时，降低自尊水平，采取退让与服输的策略不见得是坏事，低自尊反而让我们不那么纠结，接受现实。而当环境有利、具备一定的胜算时，不自信可不是什么好事。相信自己的能力是更有利的心理品质。

再比如，当你的社会角色决定要求你具备相应的自尊水平时，如果你是一个大人物，或者希望去从事极限冒险运动，你最好具备较高自信水平；而如果你的志向是做一个社会工作者或护工，那你最好具备中等的自尊水平和更多的同情心。

其次，在结果和过程之间取得平衡，使其恰如其分。如果某人过于在乎结果和外在的标准，追求外在的评价和效率，他最好慢下来，关注当下做事情的过程，学会享受专注于当下事物的美好过程。如果某人因为过度追求安全感和兴趣而沉湎于当下，因为缺少对结果的关注而导致效率低下，那么适当想象出成果后的喜悦和掌声，也具有提高效率的积极的作用。

再次，使自信和自爱恰如其分。自信体现在做事中的胜任感，而自爱体现在生活中的自我珍惜。有些人过于投入工作，对身体健康、家庭、外表缺少基本关注。比如，有一位教授，虽然在专业上取得了优异成就，但不热爱自己。他不关心自己的生活，家人长期都在国外，自己独立生活能力也差，经常头发凌乱，胡子拉碴，穿着布鞋、不穿袜子上课，还每天晚上都吃泡面、喝白酒，最后 50 多岁就因为肝癌而去世了。只有胜任感而缺少基本自爱的生活是低质量的。同样，有些人过于自爱，缺少自信，这也是片面的生活。比如，某一大学生，经常为自己购买昂贵的化妆品和包包，对于学习却不上心，5 门挂科。她每天琢磨着如何打扮自己，因为没有钱，所以只能不断地向父母伸手。

最后，使自尊和他尊恰如其分。如果在社会交往中，一个经常受人影响、非常在乎别人的看法、过于依赖别人、缺少主见的人，最好要加强自尊、提升自信、强化心理界限。如果你在社会交往中具有回避倾向，具有社交恐惧、孤僻、冷漠孤傲，你最好要学会共情，热情一些，加强对他人的重视，主动关爱别人，提升他尊。

参考文献

[1] 布朗 . 自我 [M]. 陈浩莺，译 . 北京：人民邮电出版社，2004.

[2] 聂夫 . 自我同情：接受不完美的自己 [M]. 刘聪慧，译 . 北京：机械工业出版社，2012.

[3] 刘翔平 . 积极心理学：第 3 版 [M]. 北京：中国人民大学出版社，2024.

[4] 盐野七生 . 罗马人的故事 4 [M]. 张伟，译 . 北京：中信出版社，2012.

[5] 埃利斯 . 别和自己过不去 [M]. 刘守峰，译 . 北京：中信出版社，2004.

[6] 侯典牧 . 乐观的稳定性及其干预研究 [D]. 北京：北京师范大学，2010.

[7] 周雅 . 轻微抑郁者的积极自我：积极心理学的视角 [D]. 北京：北京师范大学，2011.

[8] 李昂扬 . 基于情绪目标的混乱型依恋儿童的情绪失调研究 [D]. 北京：北京师范大学，2022.

[9] 王硕 . 抑郁体验个体的拒绝敏感性及其情绪、行为反应特点 [D]. 北京：北京师范大学，2013.

[10] 周雅，刘翔平，苏洋，等 . 消极偏差还是积极缺乏：抑郁的积极心理学解释 [J]. 心理科学进展，2010，18（4）：590-597.

[11] 肖丰 . 关于抑郁的认知理论中自我图式的实验研究 [J]. 心理科学，1994(3)：186-188.DOI:10.16719/j.cnki.1671-6981.1994.03.016.

[12] Kernis M.Self-Esteem Issues and Answers: A Sourcebook of Current Perspective[M].Hove: Psychology Press, 2006.

[13] Baumeister R F.Self-Esteem: The Puzzle of Low Self-Regard[M]. New York: Plenum Press, 1993.
[14] Horowitz L M.Interpersonal Foundations of Psychopathology[M]. Washington, D.C.: Amer Psychological Assn, 2003.
[15] Baldwin M W.Interpersonal Cognition[M].New York: The Guilford Press, 2004.
[16] Bateman A, Fonagy P.Mentalization-based Treatment for Borderline Personality Disorder: A Practical Guide[M].Oxford: Oxford University Press, 2006.
[17] Blatt S J, Quinlan D M, Chevron E S, et al.Dependency and self-criticism: psychological dimensions of depression[J].J Consult Clin Psychol, 1982, 50(1): 113-124.